W0260355

Verlag von Julius Springer in Berlin N.,
Monbijouplatz 3.

Zeitschrift für die Chemische Industrie

mit besonderer Berücksichtigung der

Chemisch-technischen Untersuchungsverfahren.

Herausgegeben

von

Dr. Ferdinand Fischer.

Preis für den Jahrgang von 24 Heften M. 20,—.

(Bei directem Bezuge oder durch den Buchhandel auch vierteljährliche Abonnements
zum Preise von 5 Mark.)

Diese Zeitschrift ist bestimmt, über alle, das Gesammtgebiet der chemischen Industrie betreffenden Vorkommnisse und Fragen zu berichten.

Zu diesem Zwecke werden monatlich 2 Hefte von je 24 bis 32 Seiten ausgegeben, welche Originalarbeiten, Auszüge aus allen hier in Frage kommenden deutschen und fremden Zeitschriften (etw. 175) und Patenten bringen; auch die neu erschienene sonstige Literatur wird berücksichtigt. Die Berichte werden übersichtlich geordnet unter die Abschnitte:

1. Wasser und Eis.	8. Sprengstoffe und Zünd-	15. Nahrungsmittel.
2. Brennstoffe und Beleuch-	mittel.	16. Fettindustrie.
tung.	9. Sonstige unorgan. Stoffe.	17. Leder, Leim, Kautschuck.
3. Feuerungsanlagen.	10. Organ. Verbindungen.	18. Dünger, Abfall.
4. Hüttenwesen.	11. Organische Farbstoffe.	19. Technische Untersu-
5. Glas, Thon, Cement.	12. Bleichen, Färben, Papier.	chungsverfahren.
6. Apparate.	13. Zucker, Stärke.	20. Neue Bücher.
7. Alkalien und Säuren.	14. Gährungsgewerbe.	21. Verschiedenes.

Wichtige Mittheilungen werden ausführlicher besprochen, andere nur kurz erwähnt. Alle chemisch-technischen Untersuchungsverfahren, welche für die Betriebsaufsicht in chemischen Fabriken, einschl. Hüttenlaboratorien, für Handelslaboratorien u. s. w. in Betracht kommen, werden besonders berücksichtigt, möglichst unter Hinweis auf die ältere Literatur, so dass diese Zeitschrift gleichzeitig eine Ergänzung aller bisherigen Bücher über technische Analyse bilden wird.

Am Schluss werden statistische und sonstige, die chemische Industrie betreffende Mittheilungen gemacht.

Die verantwortliche Redaction der Zeitschrift hat Herr **Dr. Ferd. Fischer** in Hannover, der Herausgeber des (früher Wagner'schen) Jahresberichtes der chemischen Technologie und der bisherige langjährige Mitredacteur des Dingler'schen Journals übernommen; derselbe wird durch hervorragende Mitarbeiter unterstützt.

Fortschritte im Probirwesen.

(Umfassend die Jahre 1879—1886.)

Von

Carl A. M. Balling

ordentlichem Professor der Probir- und Hüttenkunde an der k. k. Bergakademie
zu Pribram.

Mit zahlreichen in den Text gedruckten Holzschnitten.

Springer-Verlag Berlin Heidelberg GmbH 1887

ISBN 978-3-662-32160-7
DOI 10.1007/978-3-662-32987-0

ISBN 978-3-662-32987-0 (eBook)

Vorwort.

Bis heute haben bereits viele Doctrinen ihre alljährlich erscheinenden „Fortschritte“; es ist dies wohl allgemein anerkannt allemal ein wohlbegründetes Unternehmen, diejenigen, welche näheres Interesse an der Entwickelung und dem Fortschreiten einer Wissenschaft und ihrer practischen Anwendung nehmen, durch periodisch wiederkehrende Ergänzungen stets auf der Höhe des jeweiligen Standes dieser Wissenschaft zu erhalten und von allem Neuen und Wichtigen möglichst bald Kenntniss zu geben. Finden sich doch, wenn auch eigene und specielle Fachblätter existiren, die betreffenden Abhandlungen nicht blos und nicht immer in diesen allein, sondern in verschiedenen technischen Zeitschriften zerstreut, und die wenigsten Teckniker sind wohl in der Lage, über mehrere solcher, noch weniger aber über alle jene Journale zu verfügen, in deren Spalten sich die einschlägigen Artikel und Mittheilungen finden.

Die „Probirkunde“, als selbstständig ausgebildeter Zweig der analytischen Chemie, soll meines Erachtens nach den übrigen Wissenschaften auch in diesem Punkte nicht nachstehen, und mit der Herausgabe des vorliegenden Buches beabsichtige ich auch lediglich eine Ergänzung zu den bestehenden Lehrbüchern über „Probirkunde“ zu geben, weil mir eben eine solche in der Literatur noch fehlend und wünschenswerth erschien.

Das vorliegende Buch schliesst an meine im Jahre 1879 erschienene Probirkunde an, deren Manuscript im Jahre 1878 der Presse übergeben wurde, es umfasst demnach einen Zeitraum von 8 Jahren. Es ist natürlich, dass in dem Probirwesen allein als eben nur einem Theil eines grossen und sehr umfassenden Gebietes die Fortschritte der Quantität nach dem Ganzen gegenüber zurückstehen müssen, daher wohl von alljährlich erscheinenden Mittheilungen wird abgesehen werden müssen; aber in entsprechenden Zeitperioden kann wohl eine Fortsetzung dieser Fortschritte wieder angezeigt erscheinen, und dies wohl um so mehr, als hierdurch ältere Auflagen der die „Probirkunde" behandelnden Lehrbücher nicht nur nicht entwerthet, sondern zeitgemäss ergänzt und neueren Auflagen immer wieder gleichgestellt werden.

Pribram, im Februar 1887.

Inhaltsverzeichniss.

Kupfer.

Silber.

Gold.

Blei.

Zink.

Platin.

Quecksilber.

Zinn.

Nickel.

Antimon.

Inhaltsverzeichniss.

IX

Uran.

Chrom.

Wolfram.

Mangan.

Arsen.

Schwefel.

Figurenverzeichniss.

Allgemeiner Theil der Probirkunde.

Wagen und Gewichte.

Wagen mit constanter Empfindlichkeit. Zu den guten und wirklich empfehlenswerthen analytischen Wagen gehören die von A. Verbeck und Peckholdt in Dresden construirten Wagen mit „constanter Empfindlichkeit", bei deren Gebrauch ein feines Ausspielenlassen der Wage bei dem Abwägen nicht nöthig wird, sondern es kann die Grösse des Zungenausschlags bei dem Stehenbleiben der Wage direct zur Erkennung der letzten kleinen Gewichtsdifferenzen benützt werden. Ich habe für technische Analysen im Laboratorium der Pribramer Bergakademie drei solcher Wagen aufgestellt, welche ihrem Zwecke vollkommen entsprechen; jeder Wage wird eine Tabelle beigegeben, welche die Werthe der Zungenausschläge für eine bestimmte „constante Empfindlichkeit" enthält. Ist nun diese bei irgend einer Wage z. B. derart bestimmt, dass 1 mg Uebergewicht einen Ausschlag von 2 Grad auf dem Index bewirkt, längs dessen die Zunge spielt, und es hätte bei einer Wägung der Zungenausschlag $3^{1}/_{2}$ Grad nach der Seite der Gewichtsschale betragen, so sind zu der Summe der aufliegenden Gewichte noch $\frac{3^{1}/_{2}}{2} = 1^{3}/_{4}$ mg hinzuzuaddiren, um welche das abzuwägende Object noch zu schwer ist. Zeigt jedoch die Zunge den oben angegebenen Ausschlag nach der Seite der Wagschale, welche die abzuwägende Substanz enthält, so ist die oben berechnete Correctur in Abzug zu bringen. Das Wägen mit einer solchen Wage geht ungleich rascher, als wenn man gezwungen ist, die Zunge genau auf den Nullpunkt der Wage einspielen zu lassen.

Es sei hier auch der von P. Bunge[1]) construirten, chemisch-analytischen Schnellwage gedacht, deren Anzeigen der mit

---

[1]) Ztschft. f. anal. Chem. Bd. 22 pag. 66.

anderen analytischen Wagen erreichbaren Genauigkelt nicht nachstehen, für eine Wägung jedoch ebenfalls viel weniger Zeit beanspruchen
sollen. Der Balken dieser Wage ist ungleicharmig und trägt nur
an dem kurzen Arm eine Schale, auf welche ein bestimmtes Gewicht
gelegt werden muss, um dem Uebergewicht des längeren Wagbalkens
das Gleichgewicht zu halten, und diese Belastung ist das Maximum

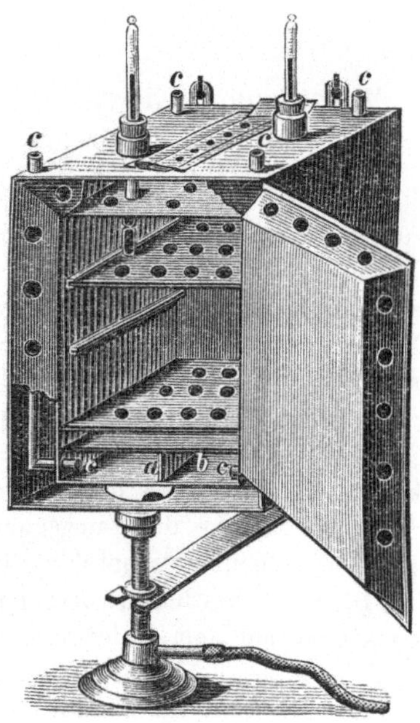

Fig. 1.

des überhaupt bestimmbaren Gewichts. Jedem abzuwägenden,
leichteren Körper müssen also noch soviel Gewichte zugelegt
werden, bis Gleichgewicht eintritt; da nun diese Wage immer nur bei
derselben Belastung benutzt wird, behält dieselbe auch immer die
gleiche „constante Empfindlichkeit“, welche es ermöglicht, dass die
letzten kleinsten Gewichtsdifferenzen aus der Grösse des Ausschlags
bestimmt werden können, und man nur die grösseren Gewichts-
stücke aufzulegen nöthig hat.

Probirgezähe und sonstige Apparate und Werkzeuge.

Von H. Rohrbeck[1]) wurde der folgende sehr empfehlens-
werthe Trockenapparat mit Exhaustor angegeben: (Fig. 1) der
Trockenkasten enthält eine Querwand a in der unter dem Kasten
befindlichen Kammer b; die durchbrochene Decke des Trockenraumes
gestattet eine leichte Communication mit den durch die Querwand
entstehenden Abtheilungen. In die Seitenwände der Kammer sind
die Knierohre c eingesetzt, welche oberhalb des Trockenkastens
ausmünden. Bald nach dem Untersetzen der Flamme werden diese
Knierohre so stark erwärmt, dass sie die Luft aus dem Innern an-

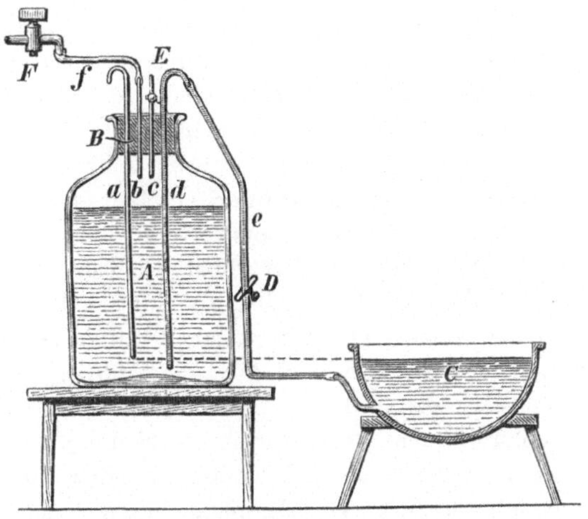

Fig. 2.

saugen und darin eine sehr kräftige Ventilation erzeugen, da frische
Luft von oben durch die Mantelöffnungen eintritt. Bei einseitigem
stärkeren Erwärmen, etwa durch Luftzug oder durch Schiefhängen
des Apparates hervorgerufen, hat man blos nöthig, die Knierohre
an der weniger erhitzten Seite mit Thonpfropfen zu verschliessen, um
die im Innern sich erzeugenden Temperaturdifferenzen auszugleichen.

Ein Wasserbad mit constantem Niveau wurde von C. Kle-
ment[2]) angegeben (Fig. 2). Die als Wasserreservoir dienende

[1]) Chemikerztg. 1886 pag. 619.
[2]) Ztschft. f. anal. Chem. Bd. 22 pag. 396.

Flasche A ist mit einem Kork verschlossen, durch welchen 4 Glasröhren luftdicht eingesetzt sind; von diesen dient das Rohr a zur Erhaltung des constanten Niveaus in dem Bade C, durch d und den angesetzten Kautschuckschlauch e fliesst das Wasser in das Bad, b und c sind, während der Apparat im Gang ist, geschlossen und dienen zum Füllen der Flasche, zu welcher Zeit der Quetschhahn D geschlossen wird, während man den Glashahn E öffnet, so dass bei offenem Hahn F durch die Röhren f und b Wasser zufliesst.

Gaserzeugungsapparat von M. Kohn. Die bequeme Handhabung der Gasbrenner und die möglichste Reinlichkeit bei allen vorzunehmenden Arbeiten bei Verwendung des Leuchtgases als Brennstoff, sowie seine Billigkeit sind Vortheile, deren noch viele Hüttenlaboratorien entbehren, und viele würden gar nie in die Lage kommen, diese Vortheile zu geniessen; diesem auch anderort gefühlten Uebelstande abzuhelfen, wurden Apparate construirt, welche zwar nicht das eigentliche Leuchtgas, wie es durch trockene Destillation von Steinkohlen, Petroleumrückständen etc. gewonnen wird, liefern, es wird darin aber brennbare, carburirte Luft erzeugt, welche sich dadurch bildet, dass man atmosphärische Luft durch oder über leicht flüchtige, flüssige Kohlenwasserstoffverbindungen leitet, auf welchem Wege die Luft sich mit den flüchtigen Kohlenwasserstoffen derart schwängert, dass sie dann selbst als Gas zur Beheizung und Beleuchtung dienen kann. Von den vielen derartigen, meist patentirten Constructionen empfehlen sich für Laboratorien solche Apparate, worin das Gas auf kaltem Wege dargestellt wird; grössere Apparate stehen mit einem Ventilator in Verbindung, welcher die zu carburirende Luft durch die sich verflüchtigenden Kohlenwasserstoffverbindungen hindurchdrückt. Als solche dienen zumeist Destillate des Petroleums, wie Hydrür, Gasolin, Petroleumäther u. a. Sehr bequem und compendiös ist nun der oben genannte Gaserzeuger (Fig. 3). Derselbe besteht aus einem Blechcylinder A, der Glasglocke B und dem zur Aufnahme des Hydrürs bestimmten Gefässe C; der äussere Cylinder hat zwei Handhaben D zur Übertragung des ganzen Apparates, die Glocke zwei Handhaben E, um sie emporziehen zu können. Am Umfang trägt die Glocke drei Führungsleisten. In dem Gefässe C befindet sich eine unten offene Röhre a, auf welcher der Trichter b sitzt, durch den das Gasolin (Ligroin, Benzin) eingefüllt wird; unter diesem befindet sich das durch eine Spiralfeder auf der Brücke c gehaltene Kegelventil d, welches durch Anziehen

der über die Spirale aufgesetzten Schraubenmutter e zu festerem
Anschluss gebracht werden kann. Das zweite T-förmige Rohr f in C
ist unten ebenfalls offen, bei g an eine Oeffnung von C angesetzt
und enthält in dem Querstück oben bei h ein gegen g zu sich
öffnendes Klappenventil. K ist ein auf C aufgesetzter Glashahn mit
Schlauchzapfen m; die beiden Endöffnungen dieses Hahnes sind mit
Messingdrahtsieb versehen.

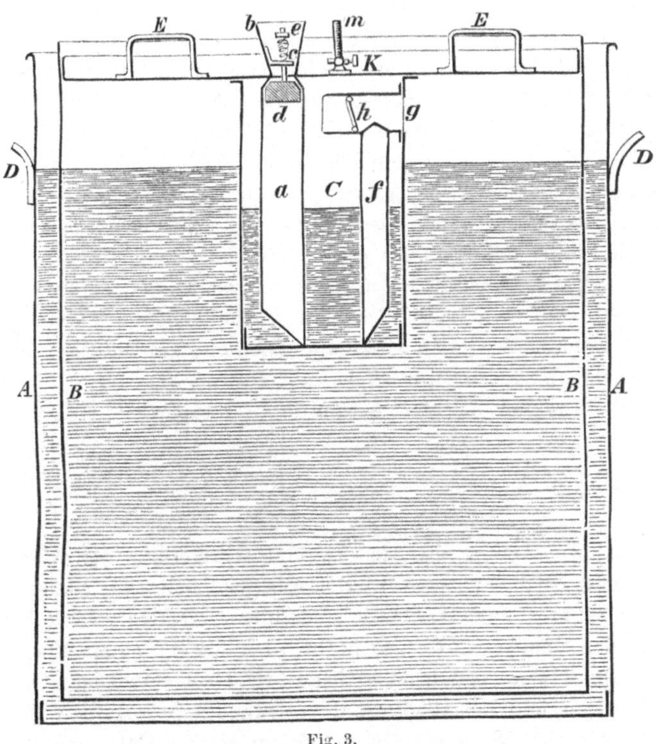

Fig. 3.

Der Apparat wird folgends in Thätigkeit gesetzt: Zunächst stellt
man die Glocke B mit dem noch leeren Gefäss C in den Cylinder A, öffnet den Hahn K und drückt das Ventil d etwas herab,
worauf man A mit soviel Wasser füllt, bis der Spiegel desselben
die eingelöthete Marke erreicht, wobei die Luft auf dem Wege durch
g f a d und durch den Hahn k entweicht. Man giesst nun bei
niedergehaltenem Ventil d etwa 1 Liter Gasolin nach C, schliesst

den Hahn K und lässt auch das Kegelventil d sich schliessen. Zieht man nun an den Handhaben E die Glocke B langsam empor, so wird Luft in dieselbe eingesogen, indem der äussere Luftdruck das Ventil d niederdrückt, wobei die Luft auf dem Wege d a h g unter die Glocke gelangt, und weil sie durch das Gasolin streichen muss, schon jetzt einen Theil der Kohlenwasserstoffe aufnimmt. Bei dem Auslassen der Handhaben E sinkt die Glocke etwas, und der Innendruck bewirkt sofort den Schluss beider Ventile d und h, so dass man keine Gas- und Flüssigkeitsverluste erleidet. Nachdem dies geschehen, so braucht man nur noch einen Kautschuckschlauch an den Schlauchzapfen m anzusetzen und den Hahn k zu öffnen; die, wenn nöthig beschwerte Glocke sinkt nun wieder und drückt ihren Inhalt an Luft durch g (wodurch h fester anschliesst) und f, worin die Flüssigkeit wieder verdrängt wird, bis die schon einmal carburirte Luft zum zweitenmal durch das Gasolin tritt (zwischen a und f aufsteigt) und hinter h durch den geöffneten Hahn k zu dem Brenner abstreicht. Die Luft wird also in diesem Apparat zweimal carburirt, nimmt demnach mehr der flüchtigen Verbindungen auf und giebt eine Flamme von erhöhtem Heiz- und Lichteffect. Dieser Apparat kann in verschiedenen Grössen hergestellt werden, für 1 oder 2 Bunsen'sche Brenner bei etwa 1 Stunde Brenndauer.

Oefen.

Einen Windofen aus dem Probirlaboratorium der Berliner Bergakademie zeigt Fig. 4—6[1]). Derselbe ist ein in das Mauerwerk eingelassener, mit feuerfester Masse ausgefütterter eiserner Cylinder A, dessen Boden von einem Rost gebildet wird, unter den ein Wagen B zur Aufnahme der Asche unterfahren wird; die Aschenfallthür C ist geschlossen und mit Registern F versehen. D zeigt den Fuchs, E die Esse. Der Windofen hat bei 5 cm starker Fütterung 34 cm lichten Durchmesser und ist für Eisenproben 35,2, für Kupferproben 26 und für Bleiproben 20 cm hoch. Der Schornstein hat 10 m Höhe.

Ein Oefchen zur Erzeugung hoher Temperaturen, das durch einen Bunsen'schen Brenner erhitzt wird, und in welchem man grössere Mengen Feinsilber, Feingold etc. in 15—20 Minuten zum Schmelzen bringen, sowie in kurzer Zeit Aufschliessungen

---

[1]) Bg. u. Httnmsch. Ztg. 1880 pag. 2.

vornehmen kann, wurde von H. Rössler[2]) angegeben; der Ofen ist in Fig. 7 dargestellt. Die kalte Luft tritt bei e ein und wird an den heissen Wandungen des Blechmantels d vorgewärmt;

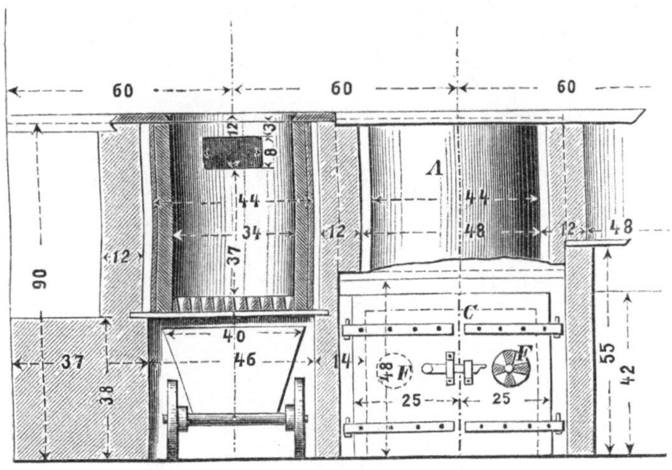

Fig. 4.

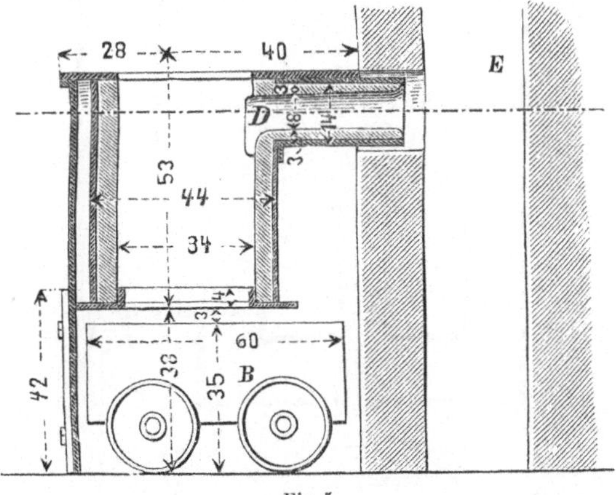

Fig. 5.

in diesem Zustande tritt dieselbe sowohl in den Brenner als auch weiter oben bei a zu der Flamme und mit dieser unter den Schmelz-

---

2) Polytechn. Notizblatt 1884 pag. 308. Chemikerztg. 1884 pag. 1220.

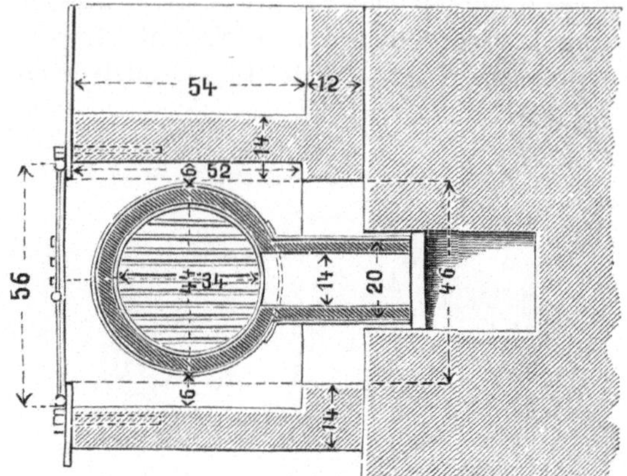

Fig. 6.

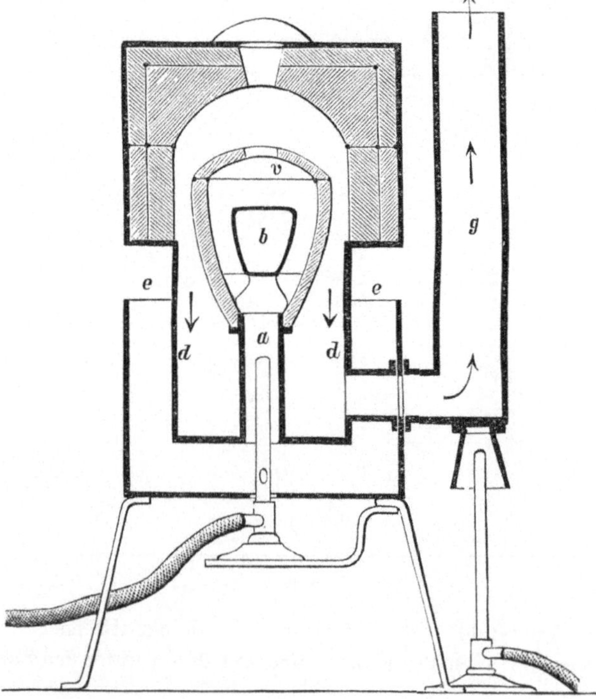

Fig. 7.

tiegel b, wo die Verbrennung stattfindet. Die Verbrennungsgase treten durch die Öffnung v im Deckel des Thontiegels aus, umspülen denselben und ziehen, die Innenseite des Mantels d erhitzend, durch die Esse g ab, unter welcher ein zweiter Brenner aufgestellt und dessen Flamme so zu reguliren ist, dass eben nur so viel Luft angesogen wird, als man zur vollständigen Verbrennung nothwendig hat. Für das Aufschliessen von Silicaten benutzt man einen Platintiegel.

Für Schmelzungen, die bei Koksfeuerung ausgeführt werden sollen, wurde dasselbe Princip in der Weise modificirt, wie Fig. 8

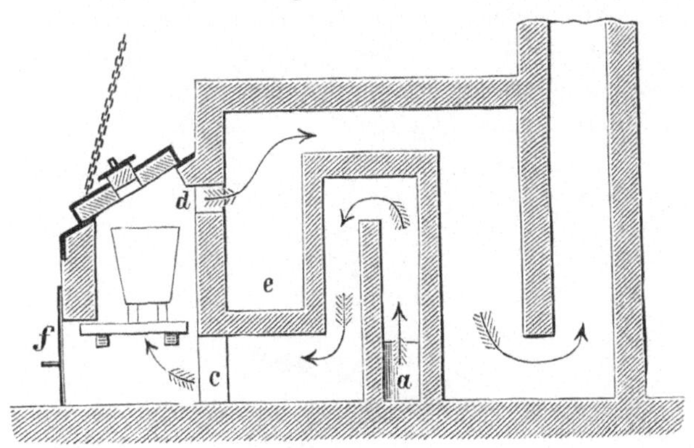

Fig. 8.

zeigt. Die kalte Luft tritt bei a ein und kommt vorgewärmt durch c in den geschlossenen Aschenfall unter den Rost; die Verbrennungsgase entweichen durch d, setzen bei e Flugasche ab, erwärmen die Verbrennungsluft und ziehen dann zur Esse aus. Die Luft wird bis nahe an 300° vorgewärmt und man erreicht Verbrennungstemperaturen bis 1400° [3]. f ist die gut schliessende Thüre des Aschenfalls.

Apparate und Reagentien für die organische Elementaranalyse.

Kaliapparat. Zur Absorption der bei der Verbrennung organischer Körper entstandenen Kohlensäure hat Cl. Winkler [1] den in Fig. 9 dargestellten Schlangenapparat angegeben; derselbe besteht aus einem spiralförmig gewundenen Rohr von dünnem

[3] Dingler's Journ. Bd. 257 pag. 153. Chemikerztg. 1885 pag. 1359.

[1] Ztschft. f. anal. Chem. Bd. 21 pag. 546.

Glase, welches am Austrittsende a zu einer Kugel ausgeblasen ist und auf drei angeschmolzenen Glasfüsschen bequem und sicher aufgestellt werden kann; das bei b eingeführte Gas tritt durch die eingeschmolzene Rohrspitze c in das Schlangenrohr ein, worin es sich in einzelnen Blasen langsam aufwärts bewegt und bei der innigen Berührung mit der vorgelegten Flüssigkeit, welche durch jede einzelne Gasblase vorwärts geschoben, sogleich wieder zurückfliesst, sehr vollkommen absorbirt wird. Winkler empfiehlt diese Apparate auch mit concentrirter Schwefelsäure gefüllt als Trocknungsapparate, beziehentlich Absorptionsapparate für Wasser zu verwenden. Das Chlorcalcium ist nämlich stets basisch, und bei dem Durchstreichen eines feuchten Kohlensäurestroms wird nach und nach der basische Kern des Chlorcalciums blosgelegt und von diesem ein Theil der

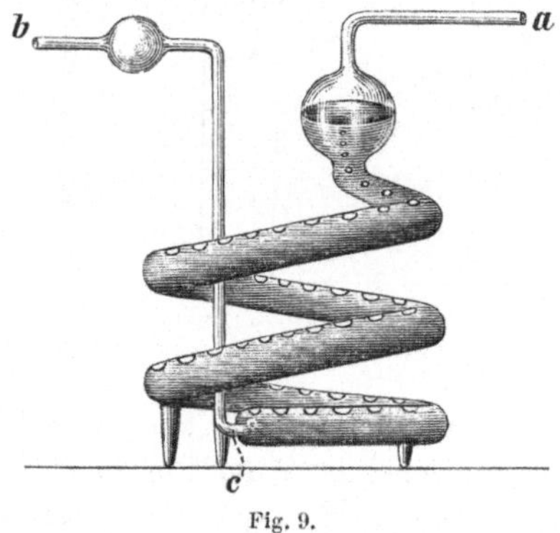

Fig. 9.

Kohlensäure absorbirt, so dass bei Anwendung dieses Salzes der Kohlensäuregehalt zu niedrig, der Wassergehalt aber zu hoch gefunden wird. Bei Untersuchung schwefelhaltiger Substanzen setzt man der Schwefelsäure eine gemessene Menge Chromsäurelösung von bekanntem Gehalt zu und erfährt nach Beendigung des Versuchs durch Rücktitriren des verbliebenen Überschusses an Chromsäure die zurückgehaltene Menge an schwefliger Säure.

Statt der Chlorcalciumröhren wird gegenwärtig eben wegen des Gehaltes jeden Chlorcalciums an basischem Salz bei Elementaranalysen vortheilhaft glasige Phosphorsäure angewendet, über deren Absorptionsfähigkeit für Wasser R. Fresenius[2]) besondere

---

[2]) Ztschft. f. anal. Chem. Bd. 4 pag. 177.

Versuche angestellt hat, denen zufolge die Phosphorsäure dasjenige Reagens ist, welches Wasser am vollständigsten absorbirt.
S. Schmitz[3]) empfiehlt für die Absorption des Wassers den in
Fig. 10 abgebildeten Apparat. In das Rohr a, in welches man unten
ein Stückchen Platindrahtnetz eingeschoben hat, wird eine Stange
glasiger Phosphorsäure eingelegt, in das Rohr b wird concentrirte
Schwefelsäure eingefüllt, die Kugel c dient zur Aufnahme der mit
der Zeit zerfliessenden Phosphorsäure. Um Verluste zu vermeiden,
ist in dem hohlen Glashahn d ein nach oben zu sich verengendes
Röhrchen eingeschmolzen, an welchem die bei dem Durchstreichen
von Gasen durch concentrirte Schwefelsäure sich bildenden grossen
Blasen zerplatzen. Die Combination von concentrirter Schwefelsäure

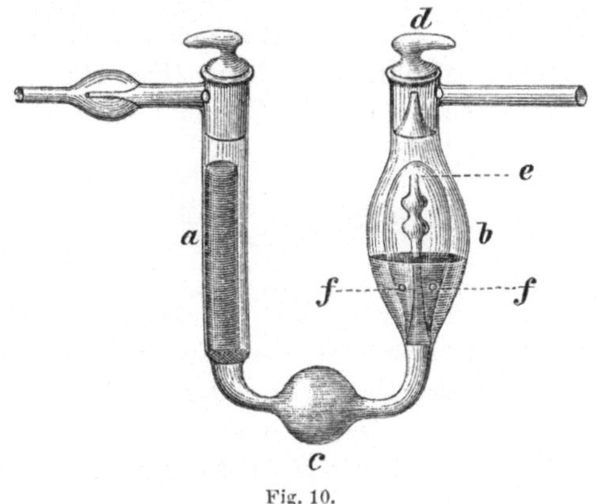

Fig. 10.

mit der glasigen Phosphorsäure hat den Vortheil, dass die Füllung
mit Schwefelsäure nicht so oft erneuert werden muss, als wenn sie
allein angewendet werden würde, die der glasigen Phosphorsäure
den Vortheil, dass sie nicht, wie das Phosphorsäureanhydrid, zu
einer zähen Flüssigkeit zerfliesst, welche den Durchgang der getrockneten Kohlensäure hindert. Als Schmiermittel für die Glas-
hähne wird eine Auflösung von Guttapercha in einem schwer siedenden Mineralöl empfohlen. Ein einmal beschickter Apparat reicht
für 30—40 Bestimmungen aus; die Phosphorsäurestange wird durch
den Gebrauch nur dünner, aber nicht merklich kürzer. Das Trocknen
des durch die Schwefelsäure streichenden Gases erfolgt in dem

---

[3]) Ztschft. f. anal. Chem. Bd. 23 pag. 515.

Rohre b derart, dass der Wasserdampf (mit der Kohlensäure) zuerst bei e austritt, sodann durch die beiden in der inneren birnförmigen Erweiterung unten befindlichen Oeffnungen f herabsteigt und hier durch die Schwefelsäure gedrückt wird, die das innere birnförmige Gefäss umgiebt.

Kupferasbest. E. Lippmann und F. Fleissner[4]) empfehlen statt Kupferoxyd bei der Elementaranalyse Kupferasbest anzuwenden; man erhält denselben, wenn man Zinkstaub (Zinkgrau) in eine Kupferlösung einbringt, die Flüssigkeit hierauf erhitzt, bis sie farblos wird, decantirt, und den im Ueberschuss zugesetzten Zinkstaub mit verdünnter Schwefelsäure weglöst. Nach dem Trocknen verreibt man das Kupfer in einer Reibschale und schüttelt es sodann in einem verschlossenen Gefäss mit Seidenasbest, woran das Kupfer sehr gut haften bleibt. Für die Verbrennung wird folgende Anordnung des Verbrennungsrohrs empfohlen (Fig. 11): In das 70 cm lange 1,5—2 cm weite Rohr schiebt man bis a einen Propfen aus

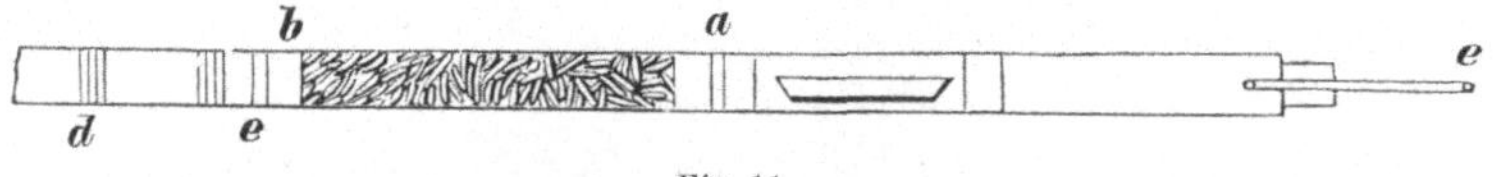

Fig. 11.

Tressensilber, stopft dann mittelst eines Glasstabes eine 20 cm starke Schicht Kupferasbest nach, bringt dahinter bei b wieder einen etwa 2 cm starken Propfen von Tressensilber und dicht an diesen einen Asbestpfropf c. Man leitet nun unter Erhitzung des Stücks a b zu dunkler Rothgluth einen schwachen Luftstrom, dann einen Strom von Sauerstoffgas hindurch, bis man denselben bei dem Austritt aus dem Rohr nachweisen kann, lässt erkalten, bringt dann hinter c eine 5 cm starke Schicht Bleiüberoxyd ein und schiebt einen Asbestpfropf d nach. Bei e ist der Gaseintritt. Das Stück c d wird zweckmässig dreimal mit einem Messingdrahtnetz umwickelt, damit es nicht zu stark erhitzt werde, worauf zu achten ist, wenn man etwa bei Verwendung eines Verbrennungsofens arbeitet, bei welchem wegen Einlegen dieses Rohres diese dreifache Umhüllung hinderlich sein sollte; dann muss dort eine stärkere Unterlage von Asbest und überhaupt an diesem Theil des Rohres geringere Hitze gegeben werden. Im Uebrigen wird die Verbrennung wie gewöhnlich durchgeführt.

---

[4]) Chem. Centralbltt. 1886 pag. 371.

Chromometrie.

Diese von A. König[1]) angegebene optische Methode der qualitativen und quantitativen Bestimmung des Metallgehalts der zu untersuchenden Substanzen beruht auf der Eigenschaft der meisten Metalloxyde, mit Borax zusammengeschmolzen gefärbte Gläser zu liefern. Die erhaltenen Boraxperlen lässt man dann von einem feinen Platinröhrchen von $2^1/_4$ mm Höhe und 3,6 mm Weite aufsaugen und schleift den zu beiden Seiten ausgetretenen Meniscus ab, so dass man stets Scheibchen von genau gleicher Stärke erhält. Das auf einer sehr feinen, $^1/_{20}$ Milligramm deutlich anzeigenden Wage abgewogene Pulver der Probesubstanz wird vor dem Löthrohr auf Platindraht mit genau 100 mg Boraxglas zu einer Perle geschmolzen, diese in dem Platinröhrchen aufgenommen, zugeschliffen und nun in einem eigenen Apparat, dem Chromometer, der Metallgehalt der Perle dadurch ermittelt, dass vor der Perle ein der Farbe derselben complementär gefärbter Glaskeil, der an einer farblosen Glasplatte befestigt und längs derselben verschiebbar ist, so lange in verticaler Richtung über der Perle verschoben wird, bis die Farbe derselben verschwindet, beziehentlich dieselbe rein weiss erscheint. An einer Millimeterscala wird die Verschiebung des vor dem Versuch mit der Spitze genau auf den Nullpunkt der Scala eingestellten Keils abgelesen und aus der Ablesung der Metallgehalt durch Rechnung gefunden. Diese Proben sollen nicht viel Zeit beanspruchen und die Resultate sollen genau sein, aber die Ausführung muss mit grosser Vorsicht geschehen.

Andere gleichzeitig anwesende und die Perle ebenfalls färbende Metalloxyde sollen nur dann die Bestimmung eines Körpers beeinträchtigen, wenn sie die Complementärfarbe erzeugen; in den andern Fällen soll man als Endpunkt der Untersuchung nicht die Farblosigkeit, sondern das reine Auftreten jener Farbe annehmen, welche das mitanwesende Metalloxyd hervorbringt und dessen Gegenwart also bekannt sein muss. Dieser Umstand erschwert jedenfalls die Bestimmung des gesuchten Körpers der Menge nach, indessen dürfte diese Methode für annähernde Bestimmungen genügen.

---

[1]) Proc. Amer. Phil. Soc. Vol. 18. Bg. u. Httnmsch. Ztg. 1879 pag. 97. Ztschft. f. anal. Chem. Bd. 19 pag. 62.

Probirreagentien.

Darstellung reinen Wasserstoffgases. Nach H. Schwarz mischt man zu diesem Zwecke 20 g Zinkstaub (Zinkgrau) mit 22·8 g frisch bereitetem, durchgesiebtem und hierauf bei 100° getrocknetem Kalkhydrat, bringt das Gemenge in ein Verbrennungsrohr und erhitzt darin mässig, indem man von rückwärts nach vorn zu das Feuer leitet. Nach der Formel

$$Zn + Ca\,(HO)_2 = ZnO + CaO + 2\,H$$

erhält man aus oben angegebenem Gewicht über 5 Liter Wasserstoffgas.

Darstellung von reinem Kohlenoxydgas. Man bereitet dasselbe in sonst gleicher Weise, wie oben angegeben, durch Glühen eines Gemenges von 20 g Zinkgrau (poussière) mit 30 g Kreide; nach der Formel

$$Zn + Ca\,CO_3 = ZnO + CaO + CO$$

erhält man aus dem angegebenen Gewicht der verwendeten Materialien gegen 7 Liter Kohlenoxydgas.

Darstellung von Schwefelnatrium für die Elektrolyse. Nach Classen bereitet man sich aus durch Alkohol gereinigtem Natronhydrat eine Lösung von ungefähr 1,35 spez. Gew., theilt diese Lösung in zwei Theile, sättigt die eine Hälfte bei Luftabschluss mit möglichst reinem, gewaschenem und durch Watte filtrirtem Schwefelwasserstoffgas, bis keine Volumvermehrung mehr zu beobachten ist, filtrirt die Lösung von dem geringen entstandenen Niederschlag ab, und vermischt sie mit der andern Hälfte. In das Gemisch wird wieder bei Luftabschluss Schwefelwasserstoffgas eingeleitet bis zur Sättigung, wieder filtrirt und das schwach gefärbte Filtrat in einer entsprechend grossen Platin- oder Porcellanschale über freiem Feuer möglichst rasch bis zur Bildung einer dünnen Krystallhaut eingedampft, worauf man die Flüssigkeit noch heiss in kleine, mit Glasstopfen gut verschliessbare Flaschen füllt und die Stopfen mit Paraffin vergiesst. Die Flüssigkeit soll ein spez. Gew. von 1,220—1,225 besitzen. Bei dem Eindampfen legt man in die Flüssigkeit, um während des Siedens ein Stossen zu vermeiden, eine Platinspirale ein.

Bereitung der Lackmustinctur nach M. Kretschmer[1]

---

[1] Chemikerztg. 1879 pag. 682.

für die titrimetrische Bestimmung von Alkalicarbonat in alkalischen Flüssen. Sehr fein gemahlenes, käufliches Lackmus wird mit kaltem Wasser bis zu beginnender Erschöpfung ausgezogen und das Extract mit feinem Sand versetzt zur Trockne gedampft; während des Eindampfens wird so viel Salzsäure zugesetzt, bis die Flüssigkeit nach dem Entweichen der Kohlensäure stark roth gefärbt erscheint. Das vollkommen trockne braunrothe Pulver wird zerrieben und zuerst mit heissem, dann mit kaltem Wasser auf grossen glatten Filtern ausgewaschen; die zuerst ablaufende Flüssigkeit ist schmutzig braunroth gefärbt und trübe, und enthält neben den Zersetzungsproducten der Einwirkung von Salzsäure auf Zucker, Stärke etc. die in Wasser löslichen, die Schärfe der Reaction beeinträchtigenden Substanzen, doch später erscheint das Filtrat klar und zuletzt ganz schwach weinroth gefärbt. Der ausgewaschene Rückstand auf dem Filter wird getrocknet, in diesem Zustande auf ein anderes Filter gebracht, mit Wasser und einigen Tropfen Ammoniak übergossen, wodurch die ablaufende Flüssigkeit sofort tief blau gefärbt wird, und bis zur Erschöpfung mit Wasser ausgewaschen, dann mit einigen Tropfen sehr verdünnter Schwefelsäure sauer gemacht und schliesslich neutralisirt.

Prüfung der Flüsse, der Lösungsmittel und der bei dem Probiren verwendeten Metalle auf ihre Reinheit. Darstellung reiner Metalle.

Prüfung der Schwefelsäure auf ihre Reinheit. Für die Anwendung der Schwefelsäure zur Goldscheidung soll dieselbe frei sein von Selen, da dasselbe bei dem Fällen des Silbers durch Kupfer mit dem Silber niedergeschlagen wird und dieses für industrielle Zwecke schlecht verwendbar macht. Man prüft die Schwefelsäure auf die Anwesenheit von Selen, indem man sie mit dem 4 fachen Volum Wasser verdünnt, filtrirt, Schwefeldioxyd einleitet und kocht. Das Selen, welches anfangs mit rother Farbe niederfällt, wird schwarz und setzt sich leicht ab.

Die Nachweisung von Arsen wird bei Gegenwart von schwefliger Säure, salpetriger und Salpetersäure bei der Prüfung im

Marsh'schen Apparat unsicher. Nach Reinsch[1]) verdünnt man dann die Schwefelsäure mit dem gleichen Volum Wasser und reiner Salzsäure, und taucht in die schwach erwärmte Flüssigkeit ein blankes Kupferblech; Gegenwart von Arsen gibt sich durch einen grauen Ueberzug des Kupfers zu erkennen, doch muss man, wenn das Arsen als Arsensäure gegenwärtig ist, längere Zeit erwärmen.

Zu gleichem Zwecke wurde von Hager[2]) die folgende Prüfungsmethode angegeben: Man bringt in ein Reagensgläschen 3 — 4 ccm Schwefelsäure und ein Stückchen Zinnchlorür in der Grösse etwa einer halben Bohne, schüttelt gut durch, erhitzt bis zum Sieden und erhält eine Minute im Kochen; arsenfreie Säure bleibt farblos, arsenhaltige färbt sich gelblich bis braun. Salpetersäure, salpetrige und schweflige Säure dürfen nicht anwesend sein und können eventuell durch vorheriges Erhitzen entfernt werden; ebenso dürfen auch keine organischen Stoffe gegenwärtig sein, welche eine Bräunung der Schwefelsäure bewirken würden.

Darstellung chemisch reinen Silbers nach Přiwoznik[3]). Kleinere Mengen gut ausgewaschenen Chlorsilbers bringt man in eine etwa 10 cm weite Silberschale, übergiesst darin mit Wasser und stellt eine 4 cm weite cylinderförmige Zelle von unglasirtem Porcellan (Bisquitmasse) so ein, dass der Rand derselben einige Centimeter über das Niveau der Flüssigkeit herausragt; in die Thonzelle gibt man ebenfalls Wasser und stellt ein nicht amalgamirtes Zinkblech ein, so dass es etwa zur Hälfte in das darin befindliche Wasser taucht, worauf man es mit Hilfe eines Kupferdrahtes mit der Silberschale verbindet. Dann wird das Wasser in beiden Gefässen mit einigen Tropfen Schwefelsäure angesäuert und das Element sich selbst überlassen; die Reduction beginnt an der Schalenwand und an der Oberfläche des Chlorsilbers und dringt allmälig nach Innen vor. In 30 — 40 Stunden können so 80—120 g Chlorsilber reducirt werden. Nach beendeter Reduction entwickelt sich an dem reducirten Silber Wasserstoffgas.

Zur Reduction grösserer Mengen Chlorsilber wird im k. k. Hauptmünzamte zu Wien der folgende Apparat (Fig. 12 u. 13) angewen-

---

[1]) Böckmann, Chem.-techn. Untersuchungen, Berlin 1884, pag. 153.
[2]) Pharmac. Centralhalle, N. F. Bd. 3 pag. 534. Ztschft. f. anal. Chem. Bd. 22 pag. 556.
[3]) Oesterr. Ztschft. f. Bg. u. Httnwsn. 1879 pag. 418.

det[5]): Ein cylinderförmiges, 32 cm hohes und 22 cm weites Glas mit flachem Boden dient zur Aufnahme des Chlorsilbers, dessen Menge etwa $\frac{1}{3}$ des Gefässes füllen kann; in das Chlorsilber setzt man zwei 12 cm breite Silberblechstreifen b und dazwischen eine 27 cm hohe, cylinderförmige, 8,5 cm weite Zelle c von Bisquitmasse so ein, dass sie am Boden des Glasgefässes aufsitzt. Das Glas und die Zelle sind zu $\frac{2}{3}$ mit einem mit Salzsäure oder Schwefelsäure schwach angesäuerten Wasser gefüllt. Man stellt nun das Zinkstück d in die Thonzelle und verbindet es mittelst der Klemme und aus-

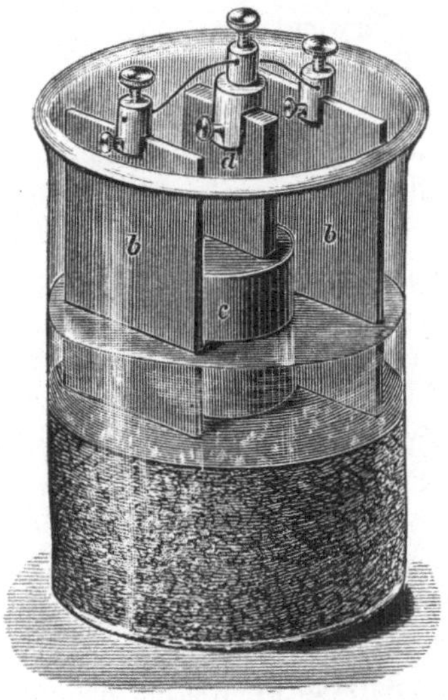

Fig. 12.

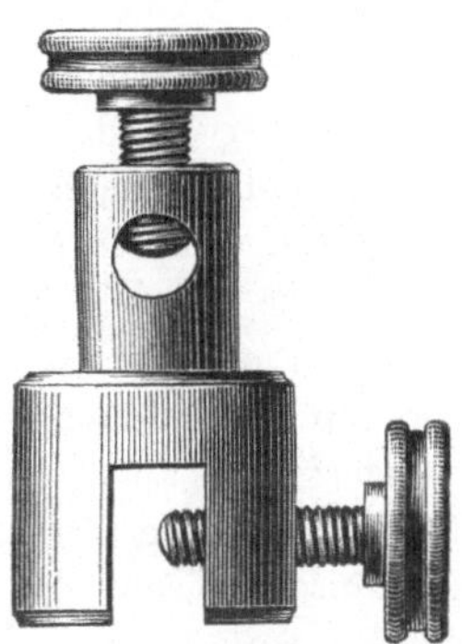

Fig. 13.

geglühten Kupferdrähten mit den beiden Silberblechen; die Zersetzung des Chlorsilbers beginnt auch hier von den Silberblechen aus und schreitet allmälig gegen die Thonzelle vor. Unter zeitweiligem Umrühren und Nachgeben von etwas Säure von Zeit zu Zeit, wobei man den Apparat nicht auseinanderzunehmen braucht, kann man in 5—6 Tagen 1,4—1,7 Kilo Chlorsilber reduciren. Statt eines Stückes Zink kann man auch Streifen von Zinkblech verwenden, welche durch die in Fig. 13 in natürlicher Grösse abgebildete Klemmschraube zusammengehalten werden. Um vollständige Reduction des

---

5) Oesterr. Ztschft. f. Bg. u. Httnwsn. 1879 pag. 429.

Chlorsilbers zu erzielen, ist es durchaus nöthig, zeitweilig umzurühren und den Strom etwa 8 Stunden lang auch dann noch fortwirken zu lassen, wenn an dem Silber bereits Gasentwickelung stattfindet.

Ein Apparat liefert bei ununterbrochener Thätigkeit in einem Jahre 50—60 Kilo Silber.

Verwendet man zur Reduction jenes Chlorsilber, das bei der Gay-Lussac'schen Silberprobe bei den Controleproben mit ganz feinem Silber erhalten wird, so bekommt man ein chemisch reines Silber, das man nach dem Trocknen in einem Tiegel unter Zuschlag von etwas Soda einschmilzt.

Neuerer Zeit gelangen auch zur Verwendung:

Cadmium. Dasselbe dient als Ansammlungsmittel für das Gold bei der Quartation desselben nach des Verfassers Methode; es ist gewöhnlich in geringem Grade zinkhaltig, welche Verunreinigung ohne Einfluss auf dessen Verwendbarkeit zu oben angegebenem Zwecke ist.

Zinn. Das ostindische Zinn und das englische Kornzinn sind die reinsten Sorten des Handels; ersteres ist fast chemisch rein, letzteres enthält manchmal sehr geringe Mengen von Antimon, Arsen, Wismuth, Blei, Kupfer und Eisen. Die sächsischen und böhmischen Zinnsorten, so wie die geringeren englischen Marken sind unreiner. Die erstgenannten Sorten können für die meisten Zwecke verwendet werden, zur Bestimmung des Phosphors in Phosphorkupfer (siehe dort) bedarf man aber eines vollkommen reinen Zinns.

Zur Darstellung desselben behandelt man das Handelszinn mit Salpetersäure, wäscht das erhaltene Zinnoxyd mit salpetersäurehaltendem Wasser, digerirt dann mit Salzsäure, wäscht hierauf mit salzsäurehaltendem, dann mit destillirtem Wasser, trocknet und reducirt in einem Kohlentiegel unter Zuschlag von 15% Kohlenstaub und Boraxglas als Flussmittel.

Zur Prüfung auf die Verunreinigungen benutzt man die von der Bereitung des Zinnoxyds erhaltene salpetersaure und salzsaure Lösung, die man durch Eindampfen concentrirt. In der concentrirten salpetersauren Lösung sucht man durch Versetzen einer Probe mit viel Wasser das Wismuth, in einer zweiten Probe mit Schwefelsäure das Blei, mit Ferrocyankalium das Eisen, und durch Uebersättigen einer Probe mit Ammon kann Kupfer nachgewiesen werden; in der salzsauren concentrirten Lösung lässt sich mit Schwefelwasserstoff Antimon finden. Zur Nachweisung des Arsens schmilzt man etwas des zu Pulver zerriebenen Metalls mit Salpeter und Soda, bis alles ruhig fliesst, löst die Schmelze in weingeisthaltigem Wasser, filtrirt und dampft ab und untersucht den Rückstand im Marsh'-schen Apparat, ob sich hinter der erhitzten Stelle des Glasrohrs ein Metallflecken absetzt. Eine allenfällige Gegenwart von Zink erkennt man an dem weissen Niederschlag, welcher entsteht, wenn man einer Probe der salpetersauren Lösung einige Tropfen Salzsäure und viel Schwefelwasserstoff zusetzt, abfiltrirt, zu dem Filtrat Aetzkalilösung hinzufügt, erwärmt, wenn nöthig wieder filtrirt und in die alkalische Lösung Schwefelwasserstoff einleitet.

Zink. Um jedesmal nach Bedarf Zinkstückchen von gewünschtem Gewicht und Grösse zur Hand zu haben, hält man sich dünnes Zinkblech vorräthig. Man stellt dasselbe dar, indem man reines Zink in einem Porcellantiegelchen über der Spirituslampe schmilzt, etwas Salmiak aufstreut und das nun glänzend gewordene Metall von einiger Höhe herab auf einen Porcellanteller fallen lässt. Je höher das Zink herabfällt, um so dünner fällt das Blech aus; von demselben schneidet man dann mit einer Scheere beliebig grosse Stückchen ab.

Magnesium in Form von Magnesiaband für die Rössler'sche Bleiprobe.

Arbeiten des Probirers.

Probenahme von Erzen. In Amerika werden in Pochwerken in bestimmten Zeiträumen aus den Pochstempelbatterien Proben, z. B. immer die zehnte Schaufel voll geholt, oder man wirft alles über eine schmale Theilschaufel, von welcher immer ein Antheil des Inhalts jeder Schaufel aufgefangen wird; letztere Methode ist jedenfalls weniger richtig, da bei dem Werfen die etwas schwereren Theile immer weiter fortgeworfen werden, als die feineren, staubförmigen.

Man hat dort auch automatische Probenehmer[1]). Der Apparat von S. A. Reed besteht aus den beiden Theilen, die in Fig. 14 u. 15 abgebildet sind, und wird getrachtet in folgender Weise die Durchschnittsprobe zu erhalten: Die gepochten Erze werden von einem Paternosterwerk in eine Separationstrommel gehoben, welche das durch ihr Drahtnetz nicht Durchgehende seitwärts ab-

---

[1]) The School of Mines Quaterly, Mai 1882. Bg. u. Httnmsch. Ztg. 1882 pag. 494.

stürzt, das Durchgefallene aber durch einen Sammeltrichter, welcher mittelst eines Schlauchs von Sackleinwand mit dem Probenehmer verbunden ist, dem letzteren zuführt. Dieser besteht aus einem gusseisernen Trichter a, welcher im oberen Theil der 20 cm weiten Holzlutte A festsitzt, und aus dem das Erz über den dreifachen Rost b über die ganze Weite des Holzkastens zerstreut wird und in einen zweiten Trichter c herabfällt, unter welchem die stark geneigte Rinne d angebracht ist, deren offener Querschnitt oben $\frac{1}{10}$ des Querschnitts der Lutte beträgt und also stetig $\frac{1}{10}$ des nach c fallenden Erzes austrägt. Das Ausgetragene wird dann auf einer ebenen Platte über den Kegel gemischt, d. h. es wird jede Schaufel voll über die andere ausgestürzt und die folgende stets über der Spitze des so nach und nach entstehenden Kegels umgewendet, so dass das Ausgeschüttete immer über die Mantelfläche des Kegels möglichst gleichmässig herabläuft. Das in dieser Art erhaltene Gemenge wird über die in Fig. 15 dargestellte Theilschaufel geworfen, und das darin Aufgefangene abwechselnd in zwei Partien gesammelt, welche die Probe und Gegenprobe abgeben. Diese beiden Proben werden sodann jede in zwei Theile getheilt, je eine Hälfte aus der einen und der andern Partie zusammengemengt, und auf dem Reducirtisch davon Probe genommen, wobei nach jeder der hier angegebenen, auf einander folgenden Operationen die Posten immer feiner zerkleinert, endlich aber ganz vermahlen und von dem Mehl mittelst einer kleineren Theilschaufel, als in Fig. 15 angegeben, drei Proben (Probe, Gegen- und Schiedsprobe) genommen werden. Je reicher die Erze an edlen Metallen, um so feiner muss jedesmal die Erzpost zerkleint sein.

Zu **Bennets Mill** wird das Erz zwischen Walzen A zerkleint, fällt dann durch einen Trichter auf den unter 50° geneigten, 6 Oeffnungen enthaltenden Gitterrost B (Fig. 16 u. 17), von wo das Durchgefallene auf die darunter unter demselben Winkel liegenden Gitterroste G und H fällt. Die Stäbe von H sind so angeordnet, dass sie unter den freien Flächen des obersten Rostes B liegen. Alles durch die Gitter Durchgefallene läuft durch die Rinne J zur Probenahme, das nicht durchgefallene Erz durch die Rinne K in die zur Aufnahme desselben bestimmten Kästen.

Probenahme von Legirungen. Schlösser[2]) fand, dass von Goldzainen mit 900 Tausendteln Feingehalt an verschiedenen

---

[2]) Dessen „Münztechnik" Hannover 1884 pag. 118.

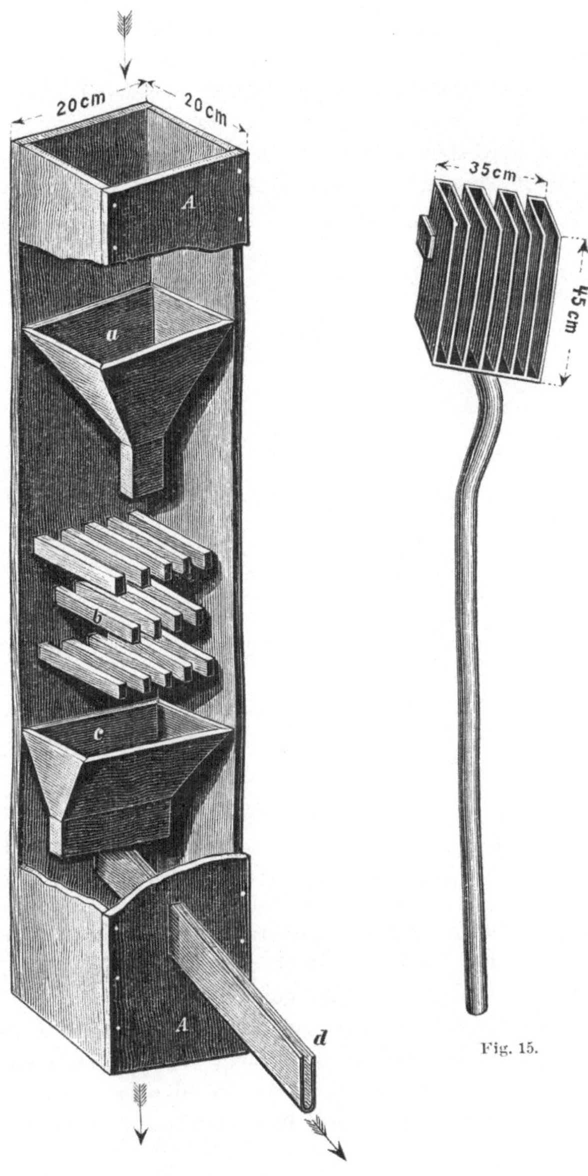

Fig. 14.

Fig. 15.

Stellen entnommene Aushiebproben sehr geringe, nicht berücksichtigenswerthe Differenzen zeigen. Silberkupferlegirungen von der Zusammensetzung 1 Ag und 2 Cu, so wie auch 1 Ag und 1 Cu sind am Rande am reichsten, von der Mitte nach oben hin am ärmsten. Legirungen von 3 Ag und 1 Cu zeigen die Anreicherung nach der Mitte zu, am stärksten ist dieselbe bei Zainen von 900 Taüsendtheilen Feinhalt; die nach der Formel Ag_3 und Cu_4 zusammengesetzte Legur mit 718,93 Feingehalt ist der Entmischung am wenigsten ausgesetzt.

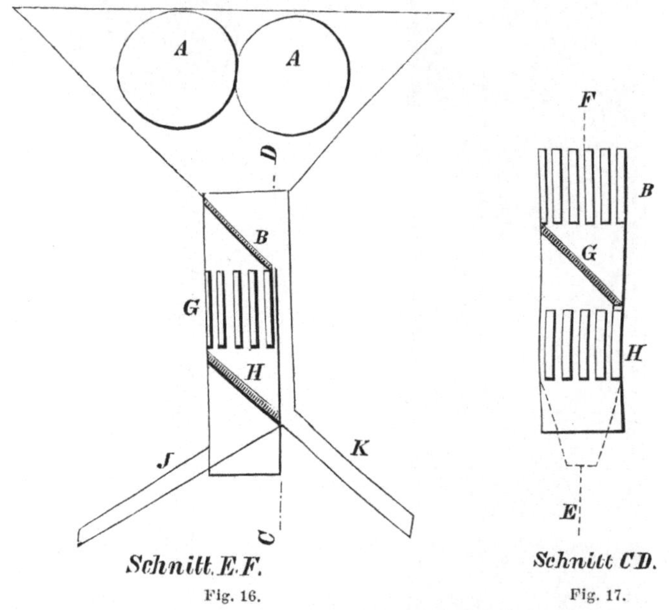

Schnitt E.F.   Schnitt CD.

Fig. 16.   Fig. 17.

Aufschliessung. Schwer zersetzbare Mineralien sollen sich nach dem folgenden Verfahren leicht und vollständig aufschliessen lassen: Ein Theil des sehr fein gepulverten Minerals wird mit 3 Theilen Fluornatrium gemengt und das Gemenge mit 12 Theilen Kaliumbisulfat bedeckt. Bei der Erhitzung geräth das Gemenge ins Kochen und sehr bald in ruhigen Fluss; 5 Minuten Zeit sollen genügen. Die geschmolzene Masse löst sich gewöhnlich leicht in Wasser, das im Wasser manchmal sich bildende basische Salz löst sich leicht in Salzsäure. Sollte auch hier noch etwas ungelöst zurückbleiben, so schmilzt man diesen Rückstand nochmal um, und setzt hierbei einige Tropfen concentrirter Schwefelsäure zu (nach dem Erhitzen), worauf sich alles in kaltem Wasser klar löst. Zur Schmelzung dient ein Bunsen'scher Brenner[3]).

Bei Mineralien, welche schwer von dem sauren schwefelsauren Kali aufgeschlossen werden, lässt sich das Fluornatrium durch das billigere Kochsalz vollkommen ersetzen und die Aufschliessung gelingt leichter, als mit dem Kalisalz allein[4]). Stolba empfiehlt desshalb, das Silicat in gewöhnlicher Weise mit dem vierfachen Gewicht kohlensauren Natrons innig zu mengen, solange zu glühen, bis sich keine weitere Veränderung mehr wahrnehmen lässt, dann die glühende Masse mit dem hälben bis gleichen Volumen abgeknisterten Kochsalzes zu bedecken und weiter zu erhitzen, bis der Inhalt des Tiegels dünnflüssig geworden ist und klar fliesst. Man entleert dann den Tiegel in ein passendes Gefäss und kocht mit Wasser aus, wobei die Masse sehr bald zergeht und dann in bekannter Art weiter behandelt wird. Bei diesem das Aufschliessen sehr erleichternden Verfahren wird auch der Platintiegel, weil sich der Inhalt sehr leicht ausgiessen lässt, sehr geschont[5]).

---

[3]) Les Mondes, Tom. XVII pag. 18, Mai 1868. Dingler's Journ. Bd. 189 pag. 323.

[4]) Americ. Journ. of science and arts, 3 ser. 13 pag. 290. Ztschft. f. anal. Chem. Bd. 18 pag. 572.

[5]) Sitzgsber. der königl. böhm. Gesellsch. d. Wissenschaften 1885. Ztschft f. anal. Chem. Bd. 25 pag. 378.

Specieller Theil der Probirkunde.

Brennmaterialien.

Bestimmung des Aschengehaltes. Es ist wichtig, die Zusammensetzung der Asche von Steinkohlen oder Koks zu kennen, wenn der Brennstoff zur Eisenerzeugung dienen soll, weil bei der Beschickungsberechnung auf den sehr bedeutenden Kieselerdegehalt derselben Rücksicht genommen werden muss. Ueber die Vornahme von Aschenanalysen geben die Bücher über chemische Analyse Auskunft, hier sei nur hervorgehoben, dass die Aschen mitunter Phosphorsäure und **Kupfer** enthalten, von letzterem um so mehr, je reicher an Schwefelkies die Steinkohlen sind, da dieser der Träger des Kupfers ist; beide genannten Körper üben aber schädlichen Einfluss auf das zu erzeugende Roheisen. Ein selbst sehr geringer Kupfergehalt lässt sich leicht erkennen, wenn man die Asche mit Salzsäure benetzt und in die nichtleuchtende Flamme eines Gasbrenners bringt, oder vor dem Löthrohr prüft, worauf die Flamme azurblau gefärbt wird. An den im Ofen brennenden Steinkohlen kann man den Kupfergehalt folgends nachweisen: Sobald die Kohlen abgeflammt sind und nur mehr Gluth vorhanden ist, wirft man einen Esslöffel voll Kochsalz auf und schürt; es zeigen sich sofort azurblaue Flämmchen des brennenden, jetzt Chlorkupfer enthaltenden Kohlenoxydgases. (Stolba.)[1]

Ermittelung der Koksausbeute nach F. Muck[2]. 1 g der fein gepulverten Kohle wird in einem nicht zu kleinen, mindestens 3 cm hohen, vorher tarirtem Platintiegel bei festaufgelegtem Deckel über einer nicht unter 18 cm hohen Flamme eines Bunsen'schen Brenners so lange erhitzt, bis keine brennbaren Gase mehr zwischen Tiegelwand und Deckel entweichen; nach dem Erkalten wird der

---

[1] Sitzungsberichte der königl. böhm. Gesellsch. d. Wissensch. 1880. 9. Chemikerzeitung 1880 pag. 276.

[2] Dessen „Steinkohlenchemie", Bonn 1881 pag. 8.

Tiegel sammt Inhalt gewogen. Bei Vornahme der Prüfung in dieser Art hat man zu beachten:

1. dass die angegebene Flammenhöhe nicht geringer gewählt werde, doch kann dieselbe grösser sein,

2. dass der Tiegelboden höchstens 3 cm von der Brennermündung entfernt stehe,

3. dass der Tiegel während der Erhitzung von einem Dreieck aus dünnem Platindraht getragen werde und keine schadhafte Oberfläche habe.

Das genaue Einhalten dieser Bedingungen ist absolut nothwendig, weil man nur so bei ein und derselben Kohle übereinstimmende, und somit bei verschiedenen Kohlen vergleichbare Resultate erhält. Bei langsamerer Erhitzung und kleinerer Flamme erhält man zu hohe Resultate und die Koks sind stärker aufgebläht, mürber, weniger glänzend und schwärzer.

Die Resultate müssen auf aschenfreie Kohle, beziehentlich Koks bezogen werden, und geschieht die Berechnung nach der Formel:

$$C' = \frac{(C-A)\,100}{100-A},$$

worin C' die Koksausbeute der aschenfreien, C die der aschenhaltigen Koks und A den Aschengehalt der Steinkohle bedeuten.

Die Oberfläche des Kokskuchens im Tiegel ist:

glatt, metallglänzend und fest bei Backkohlen,

rauh, grau, fest, knospenartig aufbrechend bei backenden Sinterkohlen,

rauh, feinsandig, schwarz und überall festgesintert bei Sinterkohlen,

rauh, feinsandig, schwarz, festgesintert, nur in der Mitte locker bei gesinterten Sandkohlen,

rauh, feinsandig, schwarz, überall oder doch bis nahe am Rande locker bei Sandkohlen.

Bestimmung des spezifischen Gewichtes der Koks. Gegenwärtig wird zur richtigen Beurtheilung einer Koksqualität sehr häufig auch die Bestimmung des spezifischen Gewichtes sowohl des porenfreien Koks, so wie dieselbe Bestimmung für den porenhaltigen Koks vorgenommen. C. Reinhardt[3]) giebt hierfür die folgenden Methoden an:

---

[3]) Stahl und Eisen 1884 Heft 9 pag. 521.

Zur Bestimmung des spez. Gew. des porenfreien Koks füllt man einen kleinen Messkolben bis zur Marke mit destillirtem Wasser und tarirt denselben, dann giesst man etwa die Hälfte ab, setzt einen weithalsigen Trichter auf, und schüttet durch diesen eine genau gewogene Menge, etwa 20—25 g, Kokspulver (gesiebt durch ein Sieb mit 12 Maschen pro 1 cm Länge), spült im Trichter haften Gebliebenes gut nach, kocht den Inhalt des Kolbens etwa 15 Minuten, lässt völlig abkühlen, füllt wieder mit destillirtem Wasser genau bis zur Marke auf und wägt. Bedeuten

G das Gewicht des zum Versuch genommenen Kokspulvers,

G_1 - - - Kolbens und Wassers,

G_2 - - - - - - mit dem Kokspulver

und s das spezifische Gewicht des letzteren, so ist

$$s = \frac{G}{G_1 - (G_2 - G)}$$

Bestimmung des spez. Gew. des porenhaltigen Koks. Man wägt ein Stückchen des wohl getrockneten Koks von entsprechender Form genau ab, putzt dasselbe mit einer Zahnbürste ganz rein von anhaftendem Staub, kocht es dann mit Alkohol etwa 5 Minuten, lässt abtropfen und abkühlen, und taucht es dann, indem man es leicht mit ganz dünnem Platindraht umwickelt hat, an diesem in einen Messcylinder, welcher zum Theil mit durch Fuchsin gefärbtem Alkohol gefüllt ist und worin der Stand der Flüssigkeit vorher abgelesen wurde. Die Differenz beider Ablesungen entspricht dem Volum des Koksstücks, und sein spez. Gew. $s_1 = \dfrac{G}{V}$ wenn G das Gewicht desselben in Grammen und V sein Volumen in Kubikcentimetern ausdrückt.

Sofern man ein mehr langes und nicht zu breites Koksstückchen wählt, lässt sich diese Volumbestimmung sehr gut und genau in einer Gay-Lussac'schen Bürette, welche in $^1/_{10}$ ccm getheilt und 12—15 mm im Lichten weit ist, vornehmen, wie der Verfasser in früheren Jahren wiederholt bei ähnlichen Versuchen zu vergleichenden Bestimmungen mit Holzkohlen zu erproben Gelegenheit hatte. Der von Reinhardt hierzu empfohlene Apparat ist auch ein der oben genannten Bürette sehr ähnlich construirter Messcylinder.

Die Bestimmung der Kokssubstanz und des Porenraums endlich ergibt sich durch Rechnung. Bedeuten

s das spez. Gew. des Koks in Pulverform,
s_1 - - - - - - Stückform,
v das Volumprocent an Porenräumen,
v_1 - - - Kokssubstanz, so ist

$$v = 100 - v_1 \text{ und } v_1 = \frac{100\,s_1}{s}.$$

Bestimmung des Kohlenstoffgehaltes in Graphitsorten[4]. Die Methoden der Kohlenstoffbestimmung in Graphitsorten und Mineralien durch Verbrennen im Sauerstoffstrom und Wägen der Kohlensäure, oder durch einfaches Einäschern werden ungenau, wenn zugleich pflanzliche Reste oder Carbonate anwesend sind, wo dann in jener Weise wohl der Gesammtkohlenstoffgehalt, aber nicht der Graphitgehalt gefunden wird. Für einen solchen Fall empfiehlt Makintosh das Mineral in einer Silberschale mit Aetzkali zu schmelzen und nur gegen Ende der Zersetzung die Temperatur etwas über den Schmelzpunkt des Aetzkali zu halten. Nach beendeter Zersetzung laugt man mit Wasser aus, wobei der Graphit, die Metalloxyde und Erden (mit Ausnahme der Thonerde, was unwichtig ist) zurückbleiben; nach dem Abfiltriren und Auswaschen mit Wasser löst man die Erden und Metalloxyde mit Salzsäure fort, filtrirt, wäscht gut aus, und wägt den Graphit, welcher in sehr reinem Zustand zurückbleibt. Durch Verbrennen desselben im Sauerstoffstrom oder Veraschen kann nun der Kohlenstoffgehalt genau ermittelt werden, wobei etwa geringe Mengen Kieselerde oder ein kleiner Rest unaufgeschlossen gebliebenen Silicates zurückbleiben.

Schwefelbestimmung in Steinkohlen (Koks). Nach J. M. Brown[5] behandelt man den fein gepulverten Brennstoff mit einer mit Brom gesättigten Lösung von Bromkalium, dampft zur Trockne, löst den Rückstand in Salzsäure, filtrirt ab und fällt mit Chlorbarium. Bemerkt muss werden, dass die Steinkohlen auch einen nicht unbedeutenden Theil des Schwefels als organische Verbindungen enthalten.

---

[4] Chem. News 1885 Bd. 51 pag. 147. Chemikerztg. 1885 pag. 532.
[5] Chem. News Bd. 43 pag. 89. Chemikerztg. 1881 pag. 183.

Zur Bestimmung des Gesammtschwefelgehaltes, jedoch getrennt nach seiner Verbindungsform, verfährt man nach T. M. Drown[6]) folgends: Man bestimmt zunächst den als Schwefelmetall anwesenden Schwefelgehalt durch Digestion mit bromhaltiger Salzsäure, den ausgewaschenen Rückstand verbrennt man im Sauerstoffstrom und lässt das Schwefeldioxyd von Kaliumpermanganatlösung absorbiren, schliesslich bestimmt man den in der Asche verbliebenen Schwefel.

Nach A. J. Atkinson[7]) wird zur Ermittelung des Gesammtschwefelgehaltes 1 g des feinzertheilten bei 100° getrockneten Brennstoffs mit 5 g wasserfreier Soda gemengt, das Gemenge in eine Platinschale mit flachem Boden gebracht, hier gleichmässig ausgebreitet und in einer offen gehaltenen Muffel mit Augen binnen einer halben Stunde allmälig bis Kirschrothgluth erhitzt; unter Vermeidung einer Sinterung oder Schmelzung des Schaleninhalts belässt man 10—15 Minuten in dieser Temperatur und laugt dann unter Erhitzen mit 150 ccm Wasser aus. Nach dem Absetzen des Unlöslichen filtrirt man ab, wäscht und decantirt den Rückstand zweimal mit heissem, mit etwas Kochsalzlösung versetztem Wasser, welcher Zusatz das Durchgehen fein vertheilter Asche verhindern soll, wäscht mit demselben Gemisch gut nach und fällt wie gewöhnlich mit Chlorbarium.

Bestimmung des Stickstoffs in Steinkohlen nach J. Schmitz[8]). Nachdem in neuerer Zeit bei der Verkokung (Destillation) der Steinkohlen Rücksicht auf die Gewinnung des dabei sich bildenden Ammoniaks genommen und zu diesem Zweck eigene Condensationsvorrichtungen an die Verkokungsöfen angeschlossen werden, ist es für die Untersuchung einer Steinkohle auch wichtig geworden, den Stickstoffgehalt derselben bestimmen zu können.

Man verfährt hierbei in folgender Weise: 0,1 g der sehr fein gepulverten Steinkohle werden in einen etwa $^1/_4$ Liter fassenden Kochkolben gebracht, hierzu 1 g fein geriebenes Quecksilberoxyd zugefügt, das Gemenge im Kölbchen mit 20 ccm concentrirter Schwefelsäure übergossen und der Inhalt 2—3 Stunden über einem Drahtnetze im Sieden erhalten, binnen welcher Zeit jedwede Kohle klar

---

6) Journ. of the Franklin Inst. 1882 Bd. 113 pag. 201. Dingler's Journ. Bd. 246 pag. 154.

7) Journ. Soc. Chem. Ind. 1886(5) pag. 154. Chemikerztg. 1886 pag. 99.

8) Ztschft. f. anal. Chem. Bd. 25 pag. 316.

aufgelöst ist. Nach dem Erkalten spült man den Inhalt in einen grösseren, etwa $3/4$ Liter fassenden Erlenmeyer'schen Kolben, gibt 120—140 ccm reine Natronlauge von 30—32° B. und etwa 35 ccm einer gelben Schwefelnatriumlösung (40 g Na_2S im Liter) hinzu, wirft hierauf zur Verhinderung des Stossens ein kleines Stückchen Zink ein, schliesst den Kolben mit einem Pfropf, in welchem ein Tropfenfänger als Gasabführungsrohr eingesetzt ist, und destillirt eine halbe Stunde in dem in Fig. 18 dargestellten Apparat. Als Aufnahmeflüssigkeit für das übergehende Ammon werden in einem Kölbchen 30 ccm einer $1/20$ Normalschwefelsäure vorgelegt und nach beendeter Destillation der Ueberschuss der Schwefelsäure mit $1/20$ Normalbarytwasser zurücktitrirt, wobei Rosolsäure als Indicator dient.

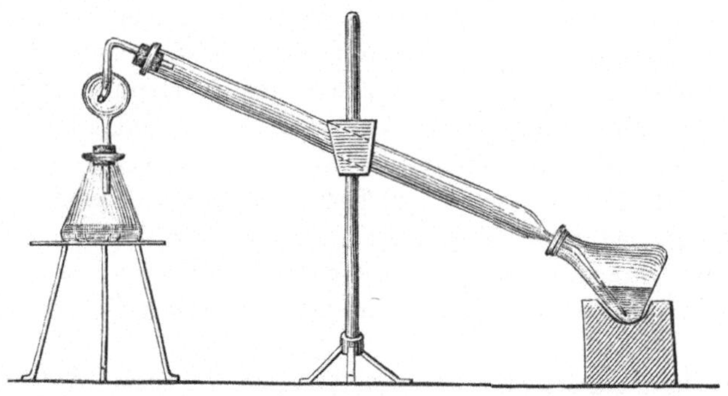

Fig. 18.

Untersuchung der Gase. Dem bekannten Fischer'schen Gasanalysenapparat[9]) hat G. Lunge[10]) ein Paar Absorptionsgefässe angeschlossen, in welchen der Wasserstoffgehalt eines Verbrennungsgases ermittelt wird.

W. Hempel[11]) hat eine Methode der technischen Gasanalyse angegeben, die bei Entnahme einer einzigen Gasprobe auch complicirtere Gasgemische über wässerigen Flüssigkeiten vollständig zu untersuchen ermöglicht. Die Analyse selbst hat mit jener in den

---

[9]) Dingler's Journ. Bd. 227 pag. 257 und Bd. 230 pag. 480. Ztschft. f. anal. Chem. Bd. 19 pag. 69.

[10]) Chemikerztg. 1882 pag. 262.

[11]) Dessen „Neue Methode der Analyse der Gase". Braunschweig 1880.

Fischer-Orsat'schen Apparaten insofern Aehnlichkeit, dass obzwar die Absorption der Gase in eigenen Kugelpippetten, das Messen der Volumsmengen derselben jedoch in einer und derselben Messbürette geschieht. Der Apparat gestattet:

1. Die Anwendung aller möglichen, selbst solcher Reagentien, welche, wie z. B. rauchende Schwefelsäure oder Salpetersäure, Brom u. s. w. Gummiverbindungen oder Schmiermittel von Hähnen zersetzen.

2. Eine vollkommene Ausnutzung der Absorptionsmittel, auch solcher, die wie pyrogallussaures Kali und Kupferchlorürlösung durch den Sauerstoff der Luft unbrauchbar werden.

3. Die Vermeidung der Absorptionsfehler der in den Absorptionsmitteln nur wenig löslichen, also nicht völlig absorbirbaren Gase.

4. Die Untersuchung von Gasgemischen aus Stickstoff, Wasserstoff und Sumpfgas bestehend in für die Technik hinreichender Genauigkeit.

Zur Absorption des Sauerstoffs bei Gasuntersuchungen benützt Hempel blankes metallisches Kupfer in Form kleiner Röllchen von Kupferdrahtnetz, womit die Kugelpipette vollgefüllt wird, und eine Lösung von anderthalbfach kohlensaurem Ammoniak mit Ammon von 0,93 spez. Gew. zu gleichen Theilen gemischt, welche das gebildete Kupferoxyd immer wieder auflöst. Die Sauerstoffbestimmungen fallen so sehr genau aus und lassen sich schnell ausführen, doch darf kein Kohlenoxydgas anwesend sein, weil dasselbe ebenfalls von dem Kupferoxydammoniak absorbirt wird.

Bestimmung von Sumpfgas in Grubengasen. Die vielen so bedeutenden Unglücksfälle, welche durch Entzündung und Explosion des den Kohlenflötzen entströmenden Sumpfgases (CH_4) entstehen, welches dann in bestimmtem Verhältniss mit atmosphärischer Luft gemischt, jenes so gefährliche Gasgemenge bildet, das man mit dem Ausdruck „schlagende Wetter, feurige Schwaden" bezeichnet, machen eine häufige Untersuchung der Grubenluft nothwendig. Die Explosionen sind dann am heftigsten, wenn Grubengas und Luft im Verhältniss von 1 : 10 gemischt sind. Zu diesem Zweck hat Coquillon[12] den folgenden Apparat angegeben, und denselben Grisoumoter benannt, welcher sich auf die Beobachtung gründet,

______

[12] Compt. rend. t. 83 pag. 394 und t. 84 pag. 458.

dass ein rothglühender Palladiumdraht brennbare Gase, namentlich Wasserstoff und Kohlenwasserstoff bei Gegenwart von ausreichendem Sauerstoff (Luft) vollständig zur Verbrennung bringen könne. In einem ähnlichen, Carburometer benannten Apparat lässt sich neben dem Grubengass auch noch die Kohlensäure der Grubenluft ermitteln. Da jedoch das Grubengas von Flüssigkeiten nicht absorbirbar ist, wird es aus seinen Verbrennungsprodukten bestimmt. Das Carburometer (Fig. 19) ist folgends zusammengesetzt: A ist die

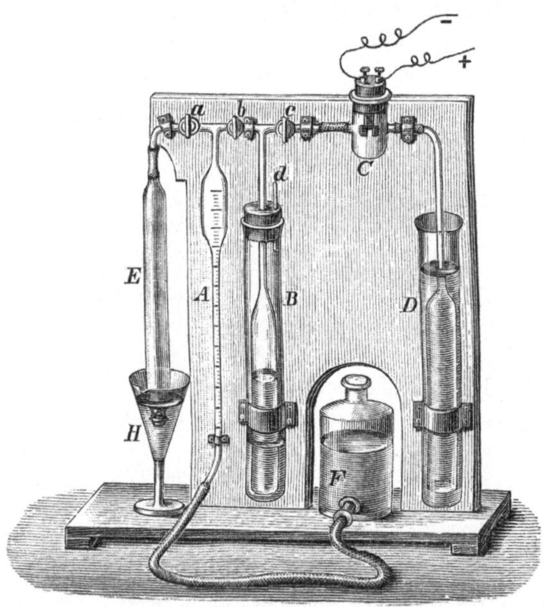

Fig. 19.

25 ccm fassende in halbe Cubikcentimeter getheilte Messröhre, B das mit Kalilauge für die Absorption der Kohlensäure gefüllte Gefäss, C ein mit einem Kautschuckpfropf, durch welchen die zwei Polenden einer galvanischen Batterie gehen, geschlossenes kurzes Glasrohr, und D ein unten offenes Glasgefäss, das in ein zweites mit Wasser gefülltes Gefäss eintaucht. Die beiden Polenden sind durch eine Paladiumdrahtspirale verbunden, welche durch einen elektrischen Strom zum Rothglühen gebracht wird.

E ist das Glasrohr, in welchem die Gasprobe aufgesammelt

wurde; dasselbe fasst 50—60 ccm, ist bei 2,5 cm Durchmesser 20 cm lang und unten wie ein Flaschenhals geformt, oben dagegen zu einer Spitze ausgezogen, über welche ein Stück Kautschuckschlauch ge-. schoben und dieser durch ein Stückchen Glasstab geschlossen wird. Dieses Glasrohr wird mit Wasser gefüllt, dann unten am Halse mit einem Gummipfropf geschlossen und in die Grube getragen, wo man einfach das Wasser nach Wegnahme der Verschlüsse ausfliessen lässt und dann die Pfropfen wieder einsetzt. Man verbindet dann dasselbe mit dem Apparat, indem man den Kautschuckschlauch unterhalb des Glasstäbchens mit den Fingern zusammenpresst, das Glasstäbchen herauszieht, sodann über das dünne Ende des Röhrchens den Kautschuckschlauch des Apparates schiebt und den breiteren Hals in ein mit Wasser gefülltes Gefäss tauchen lässt und unter Wasser öffnet.

Vor dem Ansetzen des Glasrohrs E wird die Bürette A aus der Flasche F mit Wasser gefüllt; bei geöffnetem Hahn a und gesperrten Hähnen b und c wird nun das Gas mit Hilfe der Flasche F, aus welcher A vorher gefüllt wurde, nach A hinübergesogen, dann a geschlossen und b geöffnet, das Gas nach dem mit Aetzkali gefüllten Absorptionsgefäss B gedrückt, hierauf nach A zurückgesogen und aus dem fehlenden Gasvolum die anwesende Kohlensäure bestimmt. Man schliesst jetzt die Oeffnung in dem Stopfen von B durch einen Glasstab d, öffnet c, bringt den Palladiumdraht zum Glühen, und drückt das Gas aus A mehreremale langsam nach D; auf diesem Wege verbrennt das Grubengas zu Kohlensäure und Wasser, und wenn sich die Verbrennungsgase in D vollständig abgekühlt haben, zieht man sie nach A zurück. Bei dem Ablesen in A erfährt man aus der jetzigen Volumabnahme das bei dem Verbrennen gebildete Wasser, beziehentlich die Menge Wasserstoff, worauf man den Rest des Gases nochmal nach B drückt und wieder zurücksaugt, wodurch jene Menge Kohlensäure bestimmt wird, welche durch Verbrennung des Kohlenstoffs aus dem Grubengas entstanden ist. Bei einem geringen, blos einige Zehntel Procente Grubengas enthaltenden Gasgemische nehmen nach Fischer Temperaturveränderungen schädlichen Einfluss auf die Resultate, doch gibt der Apparat von 1,5 Volumprocenten an zufriedenstellende Resultate. Die Palladiumdrahtspirale muss bis zu hellem Rothglühen gebracht werden. Da die Ermittelung der Kohlensäure in der Grubenluft ebenfalls wichtig ist, haben wir hier die Einrichtung des Carburometers angegeben; das

Grisoumeter ist ganz derselbe Apparat, jedoch ohne das Absorptionsrohr B. Vor jeder Ablesung muss der Wasserspiegel in dem Gefäss
D sowohl innerhalb des unten offenen Rohrs als auch in dem dasselbe einschliessenden Gefäss gleich hochgestellt werden, ehe man
den Hahn c absperrt und nach Heben der Flasche F in das gleiche
Niveau mit dem Wasserspiegel der Messröhre zur Ablesung schreitet.
Das Glasglöckchen C, sowie das Glassgefäss D bleiben mit Luft gefüllt, welche mit der in dem zu untersuchenden Gasgemenge enthaltenen Luft genügt, das Sumpfgas zu verbrennen; vor jedem
neuen Versuch muss aber das Glasgefäss D mit frischer Luft gefüllt
werden.

Nach der Verbrennung des Grubengases hat man, da dasselbe
zu Kohlensäure und Wasser verbrannt wird, ein Drittel des ab-
sorbirten Gasvolums als die in der untersuchten Grubenluft enthaltene
Menge leichten Kohlenwasserstoffs in Rechnung zu nehmen.

Um in einem Gasgemenge neben Kohlensäure, Sauerstoff und
Kohlenoxydgas auch Wasserstoffgas und Kohlenwasserstoffgas zu bestimmen, hat Orsat[13]) seinen Apparat dementsprechend comple-
tirt, G. Lunge[14]) hat die Fischer'sche Modification dieses Apparates ebenfalls zu gleichem Zwecke ergänzt, W. Hempel[15]) hat für
diese Bestimmungen eigene Explosionspipetten construirt.

---

[13]) M. Orsat, Note sur l'analyse industrielle des gaz, Paris.
[14]) Chemikerztg. 1882 pag. 262.
[15]) l. c. pag. 56 u. 66.

Eisen.

Zur Eisenbestimmung mit Chamäleon. Von Hampe[1]) wird
zur Titerstellung des Chamäleons Oxalsäureanhydrid empfohlen,
welches man erhält, wenn man bei 100º C. wohl getrocknete, krystallisirte Oxalsäure in kleinen Platinschalen auf dem Sandbad erwärmt und ein von einem Armstativ gehaltenes Becherglas, dessen
Boden abgesprengt wurde, und welchen man durch Umbinden
von Fliesspapier wieder ersetzt hat, in die Platinschale bis dicht
über die Oxalsäure eintauchen lässt. Das Papier ist an einigen
Stellen durchstochen, um einen schwachen Luftstrom herzustellen.
Das Anhydrid setzt sich in Form durchfilzter, langer, seidenglänzen-
der Nadeln im Becherglas an, wird mit einer Federfahne heraus-
gekehrt und im Exsiccator über Schwefelsäure aufbewahrt. Zum
Gebrauche löst man 0,36 g der völlig trockenen Oxalsäure in Wasser
und titrirt bis Eintritt der Rothfärbung.

Stolba[2]) wendet zu gleichem Zweck Bleioxalat an, welches
sich desshalb dazu gut eignet, weil es leicht rein dargestellt werden
kann, kein Wasser enthält, ein sehr hohes Atomgewicht besitzt und
an der Luft keine Feuchtigkeit anzieht. Man löst 1 g des Salzes
in stark verdünnter Schwefelsäure, wodurch Bleisulfat und freie
Oxalsäure gebildet werden, erwärmt und titrirt. 1 g des Salzes entspricht 0,37957 g Eisen.

Darstellung des Bleioxalats. Man löst Bleizucker in Wasser
auf, säuert mit Essigsäure an, kocht die Lösung mit etwas metallischem Blei, um Spuren von Kupfer und Silber zu präcipitiren,
filtrirt und fällt im Filtrat mit überschüssiger Oxalsäure das Blei;
der Niederschlag wird mit Wasser gewaschen, bis das ablaufende

---

[1]) Chemikerztg. 1883 pag. 73.
[2]) Ztschft. f. anal. Chem. Bd. 18 pag. 600.

Wasser nicht mehr sauer reagirt, bei 120⁰ C. getrocknet und in einem Pulverglase aufbewahrt.

Titriren mit Chamäleon in salzsaurer Lösung. Das Titriren einer salzsauren Lösung des Eisens mit Permanganat ist entweder fehlerhaft oder, wenn nach der diesbetreffenden Angabe von Fresenius gearbeitet wird, wegen des nöthig werdenden mehrmaligen Titrirens mehr Zeit beanspruchend. Nach Zimmermann[3] kann man bei sonstiger Abwesenheit für die Probe schädlicher Substanzen auch direct eine salzsaure, freie Salzsäure enthaltende Lösung von Eisenoxydul ohne Beeinträchtigung der Richtigkeit der Probe sofort titriren, wenn man derselben nach der Reduction mit Zink eine Lösung von Mangansulfat zusetzt. Die letztere erhält man durch Auflösen von 100 g des festen Salzes in $\frac{1}{2}$ Liter Wasser; von dieser Manganlösung genügen 20 ccm selbst bei Anwesenheit von 50 ccm freier Salzsäure von 1,12 spez. Gew. Nach meinen Erfahrungen ist die so modificirte Permanganatprobe auf Eisen richtig, auch T. Austen und B. Hurff[4] bestätigen dies. Die zu gleichem Zweck von W. Thomas[5] empfohlene Chlorbleilösung entspricht jedoch meinen Versuchen zufolge nicht.

Austen und Hurff empfehlen l. c. weiter zur Reduction des Eisenoxydes statt des Zinks eine gesättigte Lösung von Natriumsulfit anzuwenden, wodurch die Correction für den Eisengehalt des Zinks wegfällt, aber die völlige Verjagung des Schwefeldioxydes beansprucht wieder längere Zeit. Man erkennt die völlige Verjagung der schwefligen Säure, wenn man die Dämpfe aus dem Kochkolben durch ein doppelt rechtwinklig gebogenes Glasrohr in mit einem Tropfen Chamäleon gefärbtes, mit Schwefelsäure angesäuertes Wasser leitet, welche Flüssigkeit nicht entfärbt werden darf. Das Natriumsulfit bereitet man durch Umkrystallisiren des pharmaceutischen Präparates, und wird von der gesättigten Lösung desselben so lange zu je 1 ccm der Ferrisalzlösung zugefügt, bis letztere farblos geworden ist.

Zu Duisburg-Hochfeld[6] wird das bei der Lösung der Probe-

---

[3] Ber. d. deutsch. chem. Gesellsch. 1881 pag. 779. Bg. u. Httnmsch. Ztg. 1881 pag. 328.

[4] Chemikerztg. 1883 pag. 1046.

[5] Ztschft. f. anal. Chem. Bd. 22 pag. 428.

[6] Stahl und Eisen 1884 pag. 704. Bg. u. Httnmsch. Ztg. 1885 pag. 62. Chem. Ctrlbltt. 1885 pag. 233.

substanz gebildete Eisenchlorid durch Zinnchlorür reducirt, der Ueberschuss davon durch Zusatz von Quecksilberchlorid unschädlich gemacht, die salzsaure Lösung in eine 2 Liter fassende Porcellanschale übergossen, in welche 1 Liter Wasser und 60 ccm Mangansulfatlösung vorgelegt wurden, und dann titrirt. Man benutzt dortselbst die folgenden Lösungen:

1. 200 g festes Mangansulfat in 1 Liter Wasser gelöst und diese Lösung mit 1600 ccm Wasser und 400 ccm concentrirter Schwefelsäure gemischt.

2. 50 g Quecksilberchlorid in 1 Liter Wasser gelöst.

3. 190 g granulirtes Zinn werden mit 500 ccm Salzsäure von 1,124 spez. Gewicht unter Zufügen von Wasser, um ein gleiches Volum Flüssigkeit zu erhalten, digerirt und geben nach Aufhören der Gasentwickelung bei zurückgebliebenem überschüssigen Zinn eine Lösung, die durch ein Filter in eine Flasche abgegossen wird, in welche 2 Liter Wasser und 1 Liter Salzsäure von 1,124 spez. Gew. vorgelegt wurden.

Reduction des Eisenoxyds auf trocknem Wege. Von E. Donath und R. Jeller[7] wird das schon früher von B. M. Brown[8] in Vorschlag gebrachte metallische Zink zur Reduction des Eisenoxydes neuerdings empfohlen. Bei dem Glühen von Eisenoxyd mit Zinkstaub oder fein gefeiltem Zink in einem bedeckten Porcellantiegel erfolgt eine energische Reaction, welche sich selbst durch ein durch die Tiegelwände wahrnehmbares Erglühen bemerkbar macht. Sofern das zu untersuchende Eisenerz nur Eisenoxyd enthält, so erfolgt die Reduction zu metallischem Eisen vollständig, Eisenoxydul haltende Erze müssen vorher durch Befeuchten mit Ammoniumnitrat und nachheriges Ausglühen in blos Oxyd enthaltendes Erz überführt werden, da man sonst bedeutend niedrigere Resultate erhält.

Der Eisenstein wird in fein geriebenem Zustand in einem Porcellantiegel mit ungefähr dem gleichen Volum Zinkstaub oder feinster Zinkfeile gemengt, mit etwas Zinkstaub überschüttet, der Tiegel bedeckt und 5—8 Minuten lang heftig geglüht. Unter der weissen Decke von Zinkoxyd findet sich die grauschwarze, schwammige Masse des reducirten Eisens, welche man in einen grösseren Kolben bringt, mit verdünnter Schwefelsäure (1 Säure und 3 Wasser)

---

[7] Ztschft. f. anal. Chem. 1886 pag. 361.
[8] Berggeist 1878 pag. 361.

übergiesst und erwärmt, worauf alsbald eine Lösung erfolgt, die nach dem Erkalten sofort titrirt werden kann.

Zinkstaub erweist sich zu dieser Reduction als am zweckdienlichsten, doch muss sein Gehalt an Chamäleon reducirenden Substanzen (zumeist etwas Eisen) pro Gewichtseinheit ermittelt und das Resultat hiernach corrigirt werden. Aus Feilspänen muss das darin mechanisch beigemengt enthaltene Eisen mittelst eines kräftigen Magnets ausgezogen werden.

Zur Bestimmung beider Oxydationsstufen des Eisens in Silicaten. Bei dem Titriren der eisenhaltenden, mit Flusssäure aufgeschlossenen Silicate fallen die Resultate unrichtig aus, wenn nicht alle Flusssäure vor dem Titriren vollständig verjagt worden ist; für leicht aufschliessbare Substanzen genügen 2 Stunden zur Aufschliessung und Verjagung der Flusssäure, bei schwer aufschliessbaren dauert dies längere Zeit und muss ein grösserer Tiegel angewendet werden. Nach Dölter[9]) benutzt man hierzu zweckmässig den folgenden Apparat: Auf einen flachen, runden, eisernen Teller, welcher an seinem Rande eine 1,5 cm tiefe Rinne hat, stellt man den Platintiegel mit dem fein gepulverten Mineral und der genügenden Menge Flusssäure und Schwefelsäure und darüber ein passendes, grosses, hohes Becherglas so mit der offenen Seite nach unten, dass sein Rand in die eingedrehte Rinne passt, und dichtet den Rand mit Sand oder Wasser oder auch mit Quecksilber. Der Boden des Becherglases ist durchbohrt; durch die Bohrung wird ein Glasrohr eingeführt, das bis zum Platintiegel hinabreicht, und durch dieses Rohr wird, um Oxydation des Eisenoxyduls zu verhüten, ein Kohlensäurestrom zugeführt. Durch die genügend weite Oeffnung im Boden des Glases entweicht die Kohlensäure und Flusssäure; Becherglas und Gaszuführungsrohr müssen von Zeit zu Zeit erneuert werden. Zum Nachgiessen von Schwefelsäure bedient man sich eines langen Trichterrohres; der ganze Apparat wird auf ein Wasserbad gesetzt oder durch eine kleine Gasflamme erhitzt.

Die käufliche Flusssäure sowohl, als auch die aus Flussspath dargestellte sind stets unrein, sie enthalten als Verunreinigungen Schwefeldioxyd und Schwefelwasserstoff, und diese, sowie auch die Flusssäure entfärben Chamäleon, daher der Verbrauch stets zu hoch ausfällt, setzt man aber Chamäleon der zu verwendenden Flusssäure

---

[9]) Ztschft. f. anal. Chem. Bd. 18 pag. 50.

vor dem Gebrauch derselben zu, so werden die Verbrauchsmengen zu gering und die Resultate fallen nur dann richtig aus, wenn man die Flusssäure unter Zusatz von Chamäleon in Platinretorten durch Destillation rectificirt, welche Reinigung vorzunehmen wohl nicht in allen Laboratorien möglich wird. Alle Aufschliessungen mit Flusssäure müssen unter einem guten Dunstabzug geschehen, um die dem menschlichen Organismus so schädlichen Dämpfe möglichst rasch abzuführen.

W. Hempel[10]) empfiehlt zur Aufschliessung der Silicate Wismuthoxyd in Form basischen Nitrats statt des von G. Bong empfohlenen Bleioxyds anzuwenden; man nimmt einen bedeutenden Ueberschuss davon, auf 0,5 g Silicat 10 g Wismuthsalz. Man erhitzt zuerst langsam, bis keine rothen Dämpfe mehr entweichen, dann erhält man 10 Minuten lang im Schmelzen. Sofern man dafür sorgt, dass die Schmelzung in keiner reducirenden Atmosphäre geschieht, kann die Aufschliessung im Platintiegel vorgenommen werden, desshalb sind Silicate mit organischen Substanzen vorerst bei Luftzutritt gut auszuglühen. Die Schmelze wird in concentrirter Salzsäure gelöst, die Kieselerde abgeschieden, abfiltrirt, im Filtrat der grösste Theil des Wismuths durch Wasser und der Rest durch Schwefelwasserstoff gefällt.

Zur Eisenbestimmung durch Titriren mit Natriumhyposulfit. Diese von Oudemans angegebene Methode der directen Anwendung, des Hyposulfits hat allerdingss einige kleine Nachtheile, die sich jedoch bei vorsichtiger Arbeit umgehen lassen; namentlich um die Endreaction sicherer festzustellen, empfahl Fresenius, sogleich nach eingetretener Entfärbung der Erzlösung etwas Stärkekleister und hierauf aus einer Bürette Jodlösung zuzusetzen, bis die blaue Farbe der Jodlösung eben eintritt. Da nun der Wirkungswerth der Jodlösung bekannt sein muss, entspricht der Verbrauch derselben dem zuviel zugefügten Hyposulfit, so dass man nach Abzug dieses Mehrverbrauchs genau dasjenige Volum an unterschwefligsaurem Natron erfährt, das zur Reduction des Eisenoxyds gedient hat. Aber auch bei dieser Modification erhält man mitunter nicht ganz richtige Resultate, da durch die Bildung von Kupferrhodanür die Reduction derart verzögert wird, dass noch vor dem Erblassen der Lösung die Reaction überschritten sein kann, dagegen bei dem Rücktitriren mit

---

[10]) Ztschft. f. anal. Chem. Bd. 20 pag. 496. Chemikerztg. 1881 pag. 816.

Jodlösung die Jodamylumreaction oft früher eintritt, um allerdings nach einiger Zeit wieder zu verschwinden, bevor noch alles Hyposulfit in tetrathionsaures Salz umgewandelt ist, wahrscheinlich in Folge der Neigung des Kupferjodids in Jodür und freies Jod zu zerfallen, nach einiger Zeit aber unter Erblassen das freie Jod unter Jodidbildung zu binden.

Nun hat aber diese Eisenprobe den wesentlichen Vortheil, dass man mit einer Oxydlösung arbeitet, auf welche die oxydirende Einwirkung der Luft ohne Einfluss ist, und da das Natriumsalicylat auf Ferrisalze ein ebenso scharfes Reagens ist wie das Rhodankalium, so wurde von A. E. Haswell[11] salicylsaures Natron als Indicator und Kaliumbichromatlösung zum Rücktitriren empfohlen. Das Kaliumbichromat soll halb so stark sein wie der Titer des unterschwefligsauren Natrons, das salicylsaure Natron bereitet man durch Lösen von etwa 5 g des Salzes in 1 Liter Wasser. Man hebt dann 10 ccm der Eisenoxydlösung in ein Kölbchen aus, säuert nöthigenfalls mit einigen Tropfen Salzsäure an, setzt 1—2 ccm der Kupersulfatlösung und einige Tropfen des Indicators hinzu und verdünnt, wenn die Farbe der Lösung nicht rein violett, sondern bräunlich geworden sein sollte, wovon zu viel anwesende Salzsäure, beziehentlich zu hohe Concentration der Lösung Ursache ist. Man titrirt hierauf bis farblos, und sollte jetzt bei erneutem Zusatz von einigen Tropfen des Indicators eine schwache Nachfärbung eintreten, so wird sie durch einen Tropfen Hyposulfitlösung fortgenommen. Einen etwaigen Ueberschuss des Reactivs misst man mit der Bichromatlösung zurück bis eben zum Auftreten einer blass violetten Färbung.

Aus eigener Erfahrung kann ich bestätigen, dass diese Probe bei Anwendung des salicylsauren Salzes als Indicator mit grösserer Sicherheit auszuführen ist.

Elektrolytische Bestimmung des Eisens. Nach Parodi und Mascazzini[12] lässt sich das Eisen aus der Lösung des Chlorids in saurem oxalsauren Ammon in compacter Form elektrolytisch auf Platin abscheiden.

Nach C. Luckow[13] wird das Eisen aus neutralen Lösungen der Oxydulsalze bei Zusatz von citronensaurem Ammon und An-

---

[11] Dingler's Journ. Bd. 240 pag. 309. Berggeist 1881 No. 56.
[12] Ztschft f. anal. Chem. Bd. 18 pag. 588.
[13] Ebenda Bd. 19 pag. 18.

wesenheit von etwas freier Citronensäure vollständig in regulinischer Form niedergeschlagen, auch wenn ein Theil des Eisens ursprünglich als Oxyd in der Lösung war. Das so abgeschiedene Eisen ist dem blanken Platin ähnlich: es muss mit reinem Alkohol gewaschen und schnell getrocknet werden.

Nach Th. Morer[14]) soll zu der deutlich sauren Lösung des Ferrisulfats oder Ferrichlorids soviel einer 15%igen Metaphosphorsäurelösung gegeben werden, bis die gelbe Farbe ganz verschwindet, worauf man unter Znfügen von kohlensaurem Ammon in grossem Ueberschuss so lange erwärmt, bis die Lösung klar wird. Aus der auf 70° erwärmten Lösung fällt ein Strom von 20 ccm Knallgas pro Minute 0,75 g Eisen in der Stunde, dessen beendete Ausfällung sich durch Prüfung mit Schwefelammonium erkennen lässt. Rhodansalz kann wegen Anwesenheit der Phosphorsäure zu dieser Prüfung nicht angewendet werden. Gegenwart von Mangan, Aluminium und Chrom sind unschädlich.

Untersuchung des Eisens.

Bestimmung des Kohlenstoffgehaltes durch Verbrennen im Sauerstoffstrom. Hierfür wurde von E. A. Gooch[15]) der folgende Apparat (Fig. 20) angegeben: Ein etwa 9 cm hoher Platintiegel A ist oben schwach zusammengezogen und mit einer Rinne a versehen, in welche der Helm passt, der in ein 5 cm langes Platinrohr B ausläuft; an dieses Rohr schliesst sich bei b ein ⊢ förmiges Rohr an, welches bei d mit einem Glasrohr verbunden ist, von dem aus ein enges Platinrohr c bis in den Tiegel A hineinreicht. Die zu untersuchende Substanz wird in den Tiegel gebracht, der Helm aufgesetzt und behufs völliger Dichtung in der Rinne a phosphorsaures oder wolframsaures Natron eingeschmolzen. Dann erhitzt man den Boden des Tiegels vorsichtig, leitet von d aus durch das Rohr c Sauerstoff ein und absorbirt die Verbrennungsproducte in entsprechenden Vorlagen hinter e.

---

14) Chemical News 1886 **53** pag. 219. Chemikerztg. 1886 pag. 109 (Repertorium).

15) Chemical News 1880 **42** pag. 326. Dingler's Journ. Bd. 240 pag. 377.

Bestimmung des Kohlenstoffs durch Verbrennung mit Chromsäure. v. Jüptner[16]) bringt für Bestimmung des Gesammtkohlenstoffgehaltes in Eisen und Stahl die gewogenen Späne (1—3 g), um das Auflösen derselben in Chlorkupfer-Chlorammonium und das Filtriren und Auswaschen des Rückstandes gänzlich zu ersparen, unmittelbar in einen Erlenmayerschen Kolben und verfährt sonst wie bei der Kohlenstoffverbrennung im Ullgreen'schen Apparat. In den Kork des Kolbens (Fig. 21) ist ein Kühler, dann ein Sicherheitsrohr zum Einfüllen der Schwefelsäure eingesetzt, welches, um den durch das zeitweise plötzliche Aufsteigen des Kolbeninhalts eintretenden Störungen zu begegnen, am unteren Ende aufwärts gebogen ist, wodurch dieser Uebelstand gänzlich vermieden wird. Das obere Ende des Sicherheitsrohrs wird durch einen Kaliapparat abgeschlossen. Zur völligen Oxydation der Späne ist das 4—5fache Gewicht an Chromsäure nöthig, und die Schwefelsäure soll ein spez. Gew. von 1,4 bis höchstens 1,6 haben, da sonst nicht aller Kohlenstoff oxydirt wird, zu viel Chromsäure aber den Verlauf der Operation hindert. Um das Stossen der Flüssigkeit während des Siedens möglichst zu vermeiden, soll das Erwärmen des Kolbens mehr am Rande geschehen, und gegen Ende des Versuchs die Flüssigkeit eine Viertelstunde im Wallen und Sieden erhalten werden.

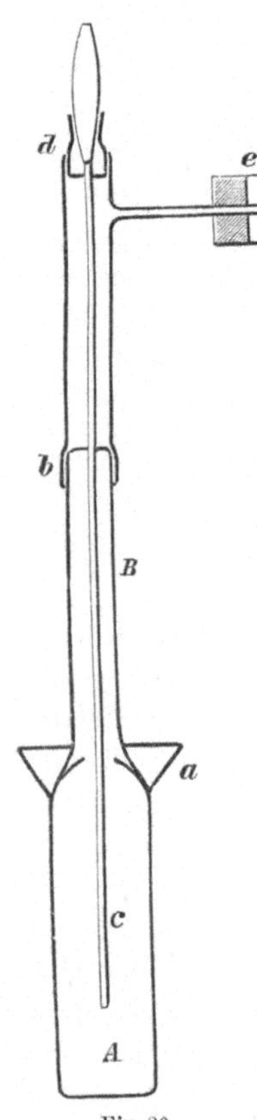

Fig. 20.

Bei der Zersetzung des Eisens mit Chlorgas nach dem Wöhler'schen Verfahren erhält man nach Gintl[17]) zu niedrige Zahlen, weil es nicht möglich ist, den in gewöhnlicher Weise erzeugten Chlorstrom frei von Sauerstoff zu erhalten, möglicherweise eine Folge der bei der Einwirkung von Salzsäure auf Braunstein sich bildenden

---

[16]) Oesterr. Ztschft. f. Bg. u. Httnwsn. 1883 pag. 492.

[17]) Ber. d. österr. chem. Gesellsch. 1885 pag. 50. Dingler's Journ. Bd. 257 pag. 527.

Oxydationsstufen des Chlors. Wenn man aber den durch Waschen und sorgfältiges Trocknen von beigemengtem Wasserdampf und Chlorwasserstoff befreiten Chlorstrom über eine etwa 10 cm lange,

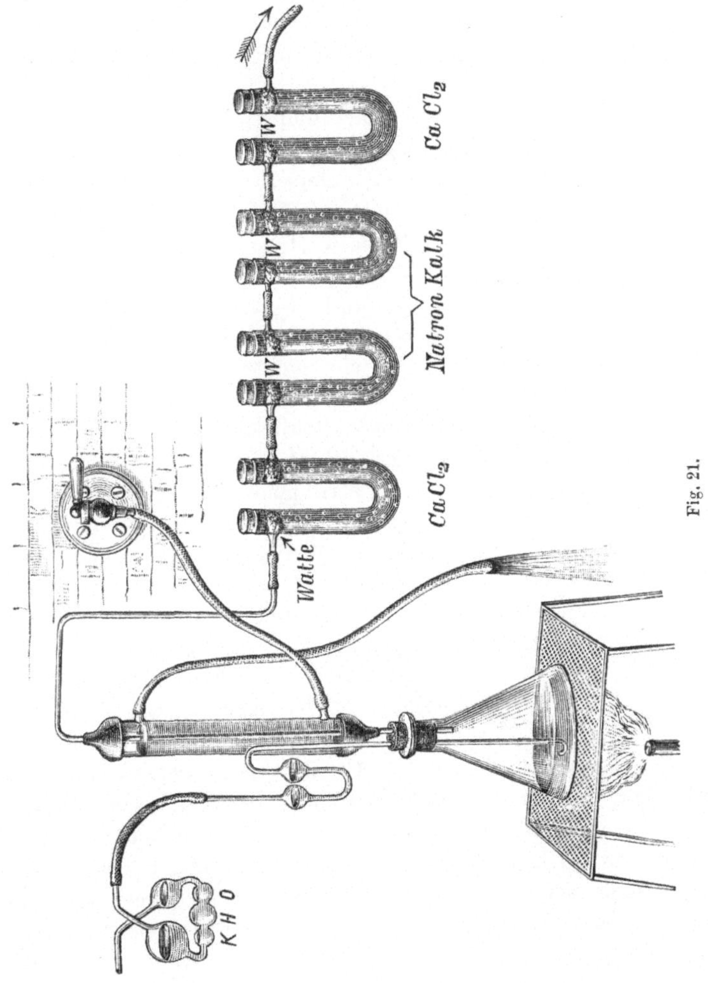

im Glühen erhaltene Schicht linsengrosser Stückchen von Holzkohle leitet, welche früher im Chlorstrom ausgeglüht wurde, und erst das so gereinigte Gas auf das zu untersuchende Eisen einwirken lässt, so erhält man genaue und richtige Resultate. Nur bei manganreichen Eisensorten wird diese Untersuchung schwieriger, weil das sich bildende Manganchlorür den kohlehaltenden Rückstand im Schiffchen einhüllt und bei der folgenden Verbrennung im Sauerstoffstrom dieselbe sowohl erschwert, als auch, weil hierbei Chlor entwickelt wird, noch die Einschaltung eines eigenen Apparates zur Absorption des Chlors verlangt.

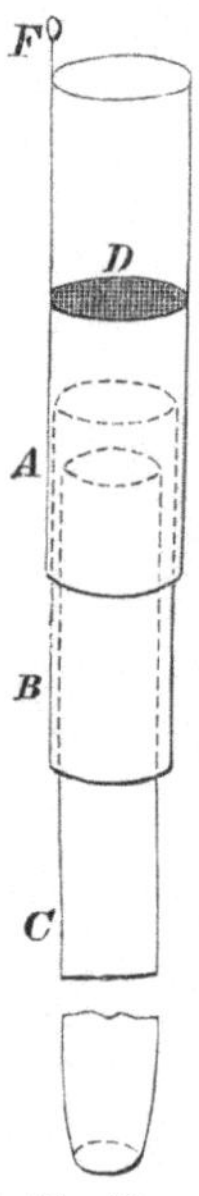

Ein sehr bequemer und zweckmässiger Apparat für das Abfiltriren des Kohlenstoffs wurde von A. Brenemann[18]) angegeben. Derselbe besteht aus einer mit Blattgold gelötheten, aus Platinblech gefertigten 12 bis 15 mm weiten Röhre A (Fig. 22) von etwa 4—5 cm Länge, in welche man auf einer Seite ein Stückchen Gummischlauch B, und in diesen das ebenfalls aus Platin gefertigte conische Verbindungsrohr C einschiebt, wodurch sich leicht ein dichter Verschluss herstellen lässt. In das aufrecht gestellte Platinrohr A schiebt man ein fein durchlöchertes Platinscheibchen D, bringt auf dasselbe eine Lage Asbest, filtrirt über diesen und wäscht. Das vom Filtrirapparat abgezogene Rohr A lässt sich nun sammt Inhalt ohne jeden Verlust leicht in das Verbrennungsrohr übertragen, zu welchem Zwecke die Oese F an das Rohr A angelöthet ist, um mittelst eines hakenförmig gekrümmten Glasstabes oder Kupferdrahtes dahin eingeführt zu werden. Die Verwendung eines Schiffchens fällt bei dieser Einrichtung fort.

Fig. 22.

Noch einfacher ist der Apparat von A. B. Clemence[19]) (Fig. 23). Derselbe besteht aus einem Platinrohr, dessen weiterer Theil etwa 18, der engere etwa 4 mm Durchmesser hat, und ist der erstere etwa 180, der letztere etwa 120 mm lang. Nach Behandlung des Eisens mit Ammoniumkupferchlorid schiebt man nach der trichterförmigen Verengung a einen Asbestpfropf, setzt bei c ein Trichterchen auf, filtrirt durch das Platinrohr und wäscht gut aus, und schiebt dann einen zweiten be-

---

[18]) Journ. Amer. Chem. Soc. **5** pag. 56. Chemikerztg. 1883 pag. 821. Chem. News **48** 1882 pag. 168. Ztschft. f. anal. Chem. Bd. 23 pag. 203.
[19]) Chem. News **48** 1882 pag. 206. Ztschft. f. anal. Chem. Bd. 23 pag. 203.

feuchteten Asbestpfropf nach, wodurch an der Innenwand hängen
gebliebene Kohlenstofftheilchen ebenfalls gegen a zu geschoben
werden. Man trocknet hierauf in einem Luftbad bei 150—170°,
und verbindet nun direct das weitere Ende mittelst eines Kaut-
schuckpfropfens mit dem Gasometer, das engere Rohr mit dem
Kaliapparat. Unter Erhitzung der verengten Stelle mit einem
Bunsen'schen Brenner leitet man nun Sauerstoffgas durch und verbrennt den Kohlenstoff.

Beide Apparate haben den Zweck, Verluste an Kohlenstoff bei

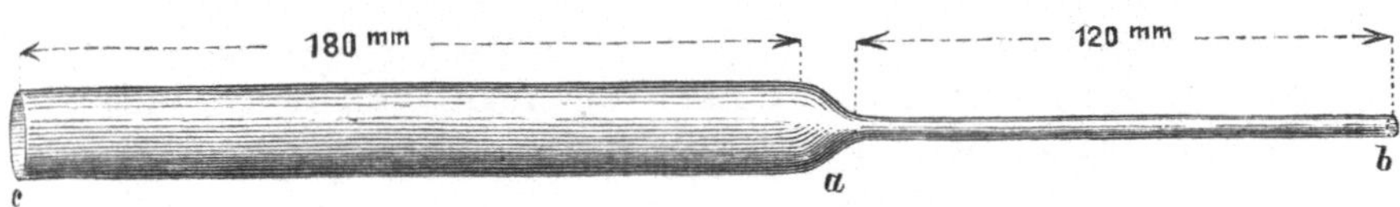

Durchmesser des Stückes a c 18—20 mm,
„   „   „   a b 4—5 mm.

Fig. 23.

dem Uebertragen desselben in das Verbrennungsschiffchen zu vermeiden, da bei dem Filtriren über Asbest im Glastrichter es oft
nicht möglich ist, den an der Glaswand anhaftenden Kohlenstoff vollständig in das Schiffchen zu bringen. Um ein Anbrennen des Stopfens
bei dem Clemence'schen Rohr zu verhüten, legt man einen Lein-
wandstreifen um diesen Theil des Rohrs, und lässt stetig kaltes
Wasser auflaufen.

Die Kostspieligkeit des Clemence'schen Verbrennungsrohres ver-
anlasste Turner[20]) ein gewöhnliches Rohr von Glas hierzu zu be-

Fig. 24.

nutzen, das an einem Ende ausgezogen ist, wie Fig. 24 zeigt. An
die verengte Stelle bringt man ein erbsengrosses Kügelchen von ge-
branntem Thon, darüber eine etwa 125 mm starke Schicht Sand,
welchen man vorher unter Beimischung von ungefähr 5 % Salpeter
stark erhitzt hatte, um allenfalls beigemengte organische Substanzen
zu zerstören. Auf die Sandschicht kommt ein Asbestpfropf aufzu-

---

[20]) Chem. News **52** 1882 pag. 15.   Chemikerztg. 1885 pag. 1502
Iron. 1885 Bd. 26 pag. 84.

schieben, worüber wieder eine 60—70 mm starke Schicht Sand ge-
bracht wird. Durch dieses Rohr filtrirt man den hohlehaltenden
Rückstand, wäscht und trocknet darin und verbrennt schliesslich in
bekannter Weise. Fig. 25 zeigt den von Turner benutzten einfachen
Verbrennungsofen. Auf einem eisernen Ständer liegt ein Trog von
Blech, welcher die Röhre aufnimmt, die von zwei Bunsenbrennern
erhitzt wird; einige aufgelegte feuerfeste Thonplatten halten die
Hitze zusammen.

Elektrolytische Abscheidung des Kohlenstoffs. Sidney
O. Jutsum[21]) bestimmt den Kohlenstoff in Eisensorten in dem folgenden Apparat (Fig. 26): G ist ein Becherglas von etwa 150 ccm
Inhalt, in welches verdünnte Salzsäure von 1,050 spez. Gew. gefüllt
ist, B ist ein zweites Becherglas, dessen Boden abgesprengt wurde,

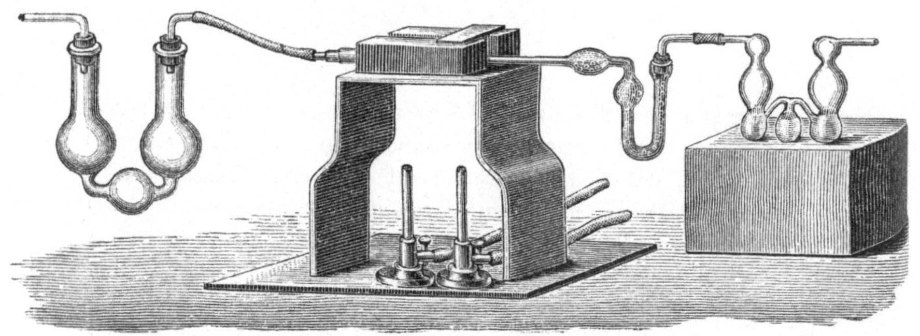

Fig. 25.

und zwischen beiden hängt das mit dem negativen Pol in Verbindung gesetzte cylindrisch gerollte Platinblech C. D ist das etwa
280 mm lange, 6 mm starke, vorher blank geriebene und gewogene,
etwa 25 mm in die Flüssigkeit tauchende Eisenstück, E ist eine
Klemmschraube. Unterhalb der Klemmschraube ist auf die Stahl-
(Eisen)probe, um sie vor Rost zu schützen, ein Stück Kautschuckschlauch geschoben, und ist die Stromstärke so zu reguliren, dass
die Auflösung nicht zu schnell, etwa in 12 Stunden erfolge, weil
sonst Kohlenstoffverluste zu befürchten sind. Man wägt dann den
Stahlstab zurück, um die Menge des gelösten zu erfahren; wenn die
Operation richtig geleitet wurde, entwickelt sich aller Wasserstoff

---

[21]) Chem. News **41** pag. 17. Ztschft. f. anal. Chem. Bd. **21** pag. 141.

am Platinblech C ausserhalb des Cylinders B, dessen Einschaltung
die Beobachtung etwa am Eisen entstandenen Wasserstoffs oder
Chlors möglich macht, welche sich nicht bilden dürfen, wenn die
Bestimmung richtig ausfallen soll.

Als Filtrirvorrichtung wendet Jutsum eine Glasröhre A an (Fig. 27)
von etwa 30 cm Länge und 3 cm Weite, in welche beiläufig in 1 cm
Entfernung von unten eine Rinne F eingefeilt ist. Ueber dieses un-
tere Ende wird zuerst eine Scheibe Filtrirpapier, dann Musselin und
schliesslich ein Drahtnetz umgelegt und alle diese Hüllen in der
Rinne festgeschnürt; in das Rohr gibt man zuerst eine 25 mm hohe

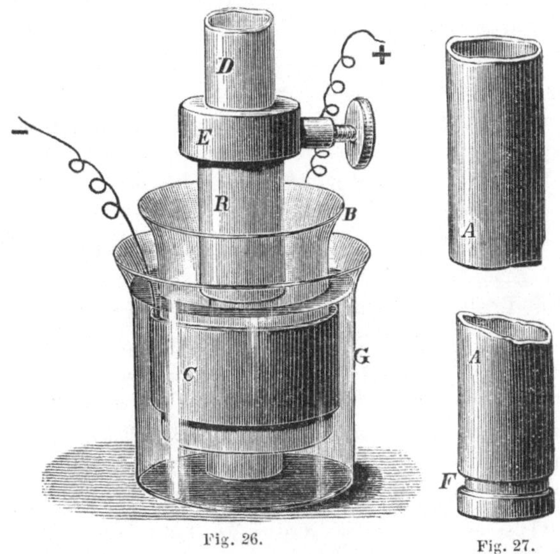

Fig. 26.   Fig. 27.

Schicht gereinigten weissen Sand, darüber ebenso hoch Glaswolle,
filtrirt unter Anwendung einer Luftpumpe und wäscht den Rückstand im Rohr zuerst mit Wasser aus, dann mit Natronlauge, schliesslich wieder mit Wasser, nimmt dann das ganze Filtrum fort, und
schiebt den Inhalt des Glasrohrs mittelst eines an einem Glasstab
befestigten Pfropfens von Glaswolle in den Kochkolben eines Ullgreen'-
schen Apparates.

Colorimetrische Bestimmung des Kohlenstoffs. Nach
Clerc[22]) ist zu Terrenoire die folgende colorimetrische Kohlen-

---

[22]) Stahl und Eisen 1885 pag. 259. Chemikerztg. 1885 pag. 1356.

stoffbestimmung in Uebung: Der aus dem Eisen abgeschiedene Kohlenstoff wird im Sauerstoffstrome verbrannt, und die gebildete Kohlensäure durch eine grössere Anzahl hintereinander angeordneter und mit Kautschuckdichtung verbundener S-förmiger Röhren geleitet, welche je 1 ccm einer Pottaschelösung enthalten (4,65 g des Salzes in 1 Liter Wasser), die knapp vor dem Versuch durch Auflösen von 0,0465 g Kaliummanganat darin gefärbt worden ist. 1 ccm dieser Lösung entspricht 0,0005 g Kohlenstoff. Bei dem Durchleiten der Kohlensäure wird die Mangansäure in Uebermangansäure überführt, wodurch eine deutliche Farbenänderung der Lösung in den Röhren hervorgerufen wird. Aus der Anzahl Kubikcentimeter Flüssigkeit, welche ihre Farbe geändert haben, erfährt man durch Multiplication mit 0,0005 den Kohlenstoffgehalt der untersuchten Eisensorte. Es müssen stets so viel Röhren hinter einander verbunden werden, dass die Lösung in den letzten nicht mehr angegriffen wird, beziehentlich die ihr ursprünglich gegebene Färbung nicht ändert. Diese Probe eignet sich besonders zu Kohlenstoffbestimmungen in weichen Eisensorten.

Von Stead[23]) wurde ein Verfahren angegeben, den Kohlenstoffgehalt in Eisen und Stahl colorimetrisch zu bestimmen, welches sich auf die Löslichkeit der durch Einwirkung verdünnter Salpetersäure auf Eisen und Stahl entstandenen gefärbten Substanz in Kali- oder Natronlösung und auf den Umstand gründet, dass die alkalische Lösung viel intensiver gefärbt ist, wie die saure.

Man wägt je 1 g des zu untersuchenden Eisens ab, löst mit 12 ccm Salpetersäure von 1,2 spez. Gew. bei 90—100° C. im Wasserbade binnen 10 Minuten auf, verdünnt mit 30 ccm Wasser, fügt 13 ccm einer Aetznatronlösung von 1,27 spez. Gew. hinzu, filtrirt nach erfolgtem Absetzen die Lösungen in Vergleichungsröhren und vergleicht die Farbentöne. Bei Vornahme der Probe verfährt man entweder in gleicher Art, wie bei der Eggertz'schen Methode, oder man benutzt hierzu ein von Stead angegebenes, in der citirten Quelle näher beschriebenes Chromometer.

Bei Bestimmung des Kohlenstoffs in gehärtetem Stahl geben die colorimetrischen Methoden nicht genügend genaue[24]) beziehentlich zu niedrige Resultate[25]).

---

[23]) Engineering **35** pag. 459. Bg. u. Httnmsch. Ztg. 1883 pag. 451.
[24]) Engineering **32** pag. 168.
[25]) Engineering **35** pag. 459. Bg. u. Httnmsch. Ztg. 1883 pag. 452.

Es ist bereits durch Rinmann[26]) seit längerer Zeit bekannt, dass Roheisen und Stahl den Kohlenstoff in drei verschiedenen Formen enthalten, welche sich je nach der Art, in welcher sich die Kohle bei der Auflösung in verdünnter Salzsäure oder Schwefelsäure abscheidet oder entwickelt, unterscheiden lassen, nämlich als Graphit, als Kohlenstoffeisen und als Kohlenwasserstoffgas. Rinmann bezeichnet den aus ungehärtetem Stahl bei langsamer Lösung sich abscheidenden Kohlenstoff als Cementkohle, den aus gehärtetem Stahl als Wasserstoffverbindung austretenden als Härtungskohle. Im Roheisen lassen sich alle drei Modificationen in der Art ermitteln, dass man durch rasches Lösen des Eisens unter Erwärmen blos den Graphit, bei langsamem Lösen in der Kälte diesen und die Cementkohle, und nach dem Eggertz'schen[27]) Verfahren unter Anwendung von Jod den Graphit und die Härtungskohle bestimmt[28]).

Nun haben in neuerer Zeit Osmond und Werth[29]) ebenfalls gefunden, dass der gebundene Kohlenstoff in den Eisensorten in zwei Zuständen vorkommt, nämlich als Anlasskohlenstoff, d. i. als mit Eisen thatsächlich verbundener Kohlenstoff, welcher im angelassenen Stahl prävalirt, und als Härtungskohlenstoff, welcher jedoch wahrscheinlich im Eisen blos aufgelöst ist und sich hauptsächlich in den äusseren Partien des gehärteten Stahls findet. Der erstere gibt mit Salpetersäure constante braune Lösungen, letzterer aber wenig constante.

Auf diese Umstände sind die verschiedenen Urtheile über die colorimetrische Eggertz'sche Kohlenstoffprobe und die differenten Resultate, welche dieselbe oft gibt, zurückzuführen.

Das Auftreten des Härtungskohlenstoffs in grösserer Menge in den äusseren Partien des gehärteten Stahls nach Osmond und Werth bieten nun dieser Probe eine weitere Schwierigkeit, denn durch Erhitzen und Schmieden des Stahls wird der Kohlenstoffgehalt an den Aussenflächen des Stahls vermindert, wesshalb von Eggertz[30]) empfohlen wird, die ganze an Kohlenstoff ärmere Ober-

---

[26]) Ztschft. f. anal. Chem. Bd. 7 pag. 499.

[27]) Ztschft. f. anal. Chem. Bd. 2 pag. 433.

[28]) Bg. u. Httnmsch. Ztg. 1886 pag. 303.

[29]) Anal. des mines livr. 4 de 1885 pag. 21. Bg. u. Httnmsch. Ztg. 1885 pag. 564.

[30]) Bg. u. Httnmsch. Ztg. 1883 pag. 436.

fläche eines Stahlstücks durch Abdrehen oder Hobeln zu entfernen. Eggertz selbst fand den Kohlenstoffgehalt eines Stahls mit 1,1 %, an der Aussenfläche desselben aber nur 0,8 %, und derselbe nahm von aussen nach innen für jeden halben Millimeter bis zu zwei Millimeter zu, worauf erst der richtige Kohlenstoffgehalt gefunden wurde; desshalb sollen für die colorimetrische — den sämmtlichen angeführten Umständen zu Folge aber doch für jede — Kohlenstoffbestimmung Späne möglichst vom Durchschnitt des ganzen Stücks genommen werden.

Bestimmung von Sauerstoff im Eisen. Die meisten geschmiedeten Eisensorten enthalten Sauerstoff, welcher in Form von Oxyduloxyd dem Schweisseisen, als Eisenoxydul dem Flusseisen mechanisch beigemengt ist. Da diese Verunreinigungen die Qualität des Eisens ungünstig beeinflussen, so ist die Bestimmung des Sauerstoffgehalts im Eisen wichtig.

Ledebur[31]) empfiehlt hierfür das folgende Verfahren: Man bringt etwa 15 g von den zu untersuchenden, völlig trockenen und von organischen Stoffen möglichst befreiten Feilspänen in ein Porcellanschiffchen, schiebt dasselbe in ein 70 cm langes Verbrennungsrohr, und verbindet dieses mittelst Kautschuckstopfens und eines T förmigen Rohrs mit den Leitungen, durch welche trockner Stickstoff und Wasserstoff zugeführt werden; an dem ausgezogenen anderen Ende wird ein mit Phosphorsäureanhydrid gefülltes Absorptionsrohr angesetzt. Zuerst glüht man die Feilspäne, um die letzten Spuren von Feuchtigkeit und organischen Stoffen zu entfernen, in einem Strom reinen, trocknen Stickstoffs, welcher durch Erwärmen einer Lösung von ein Theil Natriumnitrit, ein Theil Ammoniumnitrat und ein Theil doppeltchromsaurem Kali in 10 Theilen Wasser erzeugt wird; das Gas wird über Eisenvitriollösung und über glühende Kupferspäne geleitet, und mit Phosphorsäureanhydrid getrocknet.

Erst nach etwa zweistündigem Durchleiten von Stickgas durch das erhitzte Rohr wird das Absorptionsrohr an das Ende des Rohrs angesetzt, die Stickstoffleitung geschlossen, und das Wasserstoffgas zuströmen gelassen, das aus Zink und Schwefelsäure entwickelt, zuerst durch Natronlauge und eine alkalische Bleilösung, hierauf durch ein mit platinirtem Asbest gefülltes, erhitztes Rohr geleitet und vor dem Eintritt in das Verbrennungsrohr durch concentrirte Schwefel-

---

[31]) Stahl und Eisen 1882 pag. 193. Dingler's Journ. Bd. 245 pag. 293.

säure und Phosphorsäureanhydrid getrocknet wird. Ein 30—45 Minuten langes Glühen im Wasserstoffstrom genügt; man lässt dann unter stetem Zuleiten von Wasserstoff erkalten, nimmt nach einer halben Stunde das Absorptionsrohr fort, verdrängt den Wasserstoff daraus durch aus einem besondern Apparat zugeführte mit Phosphorsäureanhydrid getrocknete Luft, und wägt das Absorptionsrohr, aus dessen Gewichtszunahme man die Menge des mit dem zugeführten Wasserstoff verbrannten Sauerstoffs berechnet. Zur Controlle wägt man nach dem Erkalten das Schiffchen, dessen Tara bekannt sein muss, sammt Inhalt; der sich hier ergebende Gewichtsverlust soll mit dem berechneten Gewicht Sauerstoff nahe übereinstimmen.

Siliciumbestimmung im Eisen. Eine sehr rasch zum Ziele führende Methode der Siliciumbestimmung ist die von M. Brown[32]) angegebene. Man bringt in eine Platin- oder Porcellanschale 1 g des zu untersuchenden Eisens oder Stahls, übergiesst mit 25 ccm Salpetersäure von 1,2 spez. Gew. und setzt nach Beendigung der eingetretenen Reaction 25—30 ccm verdünnte Schwefelsäure (1 Theil Säure mit 3 Theilen Wasser) dazu, worauf man die Lösung auf einem Wasser- oder Sandbade so lange erhitzt, bis alle oder fast alle Salpetersäure ausgetrieben ist. Nach erfolgter Abkühlung wird Wasser zugefügt, der Inhalt der Schale bis zur Lösung der Eisenvitriolkrystalle erwärmt, die Flüssigkeit hierauf so heiss als möglich filtrirt, der Rückstand zuerst mit heissem Wasser, dann mit 25—30 ccm Salzsäure von 1,2 spez. Gew. und schliesslich wieder mit heissem Wasser gewaschen. Nach dem Trocknen und Glühen zeigt sich die Kieselsäure schneeweiss, compact und körnig, welcher letztere Umstand eben die Anwendung von Salpetersäure zur Lösung verlangt, da bei Verwendung von Salzsäure oder Schwefelsäure die Kieselerde leicht und flockig bleibt.

Nach J. Drown und P. Shimer[33]) wird das gewogene fein zertheilte Roheisen im Porcellanschiffchen in einem Strom von Chlorgas erhitzt; das verflüchtigte Eisenchlorid condensirt sich noch im Verbrennungsrohr, welches darum lang genug gewählt werden soll, während Silicium- (und Titan-) chlorid in 3—4 mit Wasser beschickten vorgelegten Röhren absorbirt wird. Die in den Vorlagen

32) Oesterr. Ztschft. f. Bg. u. Httnwsn. 1880 pag. 274.
33) Ztschft. f. anal. Chem. Bd. 20, pag. 299.

erhaltene Lösung scheidet beim Kochen (und bei Anwesenheit von Titan) mit Titansäure verunreinigte Kieselerde aus; die Lösung wird mit Salzsäure stark angesäuert, etwa 15 ccm Schwefelsäure von 1,23 spez. Gew. zugesetzt und soweit verdampft, bis alle Salzsäure verjagt ist. Die Titansäure befindet sich nun in Lösung und wird durch Filtriren von der Kieselerde getrennt; nach dem Verdünnen des Filtrats kann die Titansäure durch Kochen zur Ausscheidung gebracht werden.

Zu Creusot und Terrenoire[34]) steht folgende Siliciumbestimmung im Gebrauche. Das mit Salpetersäure angefeuchtete Eisenpulver wird in der Muffel geglüht und oxydirt, hierauf im Sauerstoffgas erhitzt und endlich in trockenem Chlorwasserstoffgas in Eisenchlorid verwandelt. Das Eisenchlorid wird endlich verflüchtigt, wonach die reine Kieselerde zurückbleibt.

Nach L. Blum[35]) werden 5 g Roheisen in einem Erlenmayer'schen Kolben mit etwa 100 ccm Wasser übergossen, und unter Umschwenken des Kolbens 150 ccm Bromsalzsäure zugefügt. Unter stürmischer Einwirkung erfolgt die Lösung sehr rasch, wobei sich die Flüssigkeit erhitzt. Man kocht dann das überschüssige Brom fort, spült die Lösung in eine Abdampfschale, dampft zur Trockne, nimmt mit concentrirter Salzsäure auf, verdünnt und filtrirt. Man wäscht hierauf mehreremale mit Wasser, dann mit Bromsalzsäure, hierauf wieder mit Wasser und sodann mit Bromsalzsäure, und endlich mit warmem Wasser gut aus. Den noch feuchten Rückstand auf dem Filter bringt man sammt diesem in ein Platinschälchen und verbrennt den Kohlenstoff in der Muffel; die Kieselerde bleibt rein weiss zurück.

Nach G. H. Steik[36]) bestimmt man im Laboratorium der Amman Iron and Tin Plate Works in Beynamman das Silicium durch Lösen von 2 g Roheisen in verdünnter Schwefelsäure, Eindampfen bis zur Verjagung sämmtlichen Wassers (leicht erkennbar durch Auflegen einer Glasplatte auf die Abdampfschale), Wiederzufügen von Wasser, Erwärmen, Abfiltriren und Ausglühen. Die Bestimmung ist in $1\frac{1}{2}$ Stunden ausführbar, und sollen die Differenzen nicht über 0,1 % betragen.

---

[34]) Bg. u. Httnmsch. Ztg. 1882 pag. 448.
[35]) Chemikerztg. 1885 pag. 1373. Dinglers Journ. Bd. 258 pag. 179.
[36]) Stahl und Eisen 1886 pag. 564.

Schwefelbestimmung im Eisen. F. Dewey[37]) löst 5 g Eisen oder Stahl in Salzsäure und lässt die Gase durch eine ammoniakalische Lösung von Cadmiumsulfat streichen; das Schwefelcadmium wird auf ein gewogenes Filter gebracht, zuerst mit ammoniakalischem, dann mit reinem Wasser gewaschen, bei 100° C. getrocknet und gewogen. 100 Gewichtstheile Schwefelcadmium entsprechen 22,222 Gewichtstheilen Schwefel.

Diese Gewichtsbestimmung soll sehr schnell auszuführen und ziemlich genau sein.

J. E. Hibsch[38]) empfiehlt das Roheisen im Chlorstrom zu zersetzen und den flüchtigen Chlorschwefel und das Eisenchlorid in mit Salzsäure und Wasser gefüllten U förmigen Röhren aufzufangen, wobei der Chlorschwefel direct in Schwefelsäure und Salzsäure umgesetzt wird.

J. Peter[39]) leitet das durch Lösen von 10 g Bohrspänen in verdünnter Salzsäure entwickelte Gas in eine concentrirte Lösung von Kaliumpermanganat; nach Zerstörung der Uebermangansäure durch Erwärmen mit Salzsäure fällt man die Schwefelsäure in der heissen Lösung aus.

Die Lösung des übermangansauren Kali bereitet man durch Auflösen von 50—60 g des festen Salzes in 1 Liter Wasser.

Nähere Untersuchungen über die Ausfällung der Schwefelsäure aus eisenreichen Lösungen finden sich in der „Zeitschrift für analyt. Chemie, Bd. 20 auf pag. 53 (Fresenius) und 419 (Lunge).

Im Laboratorium der Joliet-Steel-Company wird nach F. Emmerton[40]) folgends verfahren: 5 g Stahl werden in Chlorwasserstoffsäure gelöst und die Gase durch Natronlösung geleitet, diese Lösung dann mit Chlorwasserstoffsäure übersättigt, Stärkelösung hinzugegeben und mit einer Jodlösung titrirt, von welcher 1 ccm 0,0005 g Schwefel entspricht.

Zur Herstellung der Jodlösung werden 5 g Jod mit 7 g Jod-

---

[37]) Transactions of the Americ. Instit. of Min. Engineers 1881. Bg. u. Httnmsch. Ztg. 1882 pag. 45.

[38]) Ztschft. f. anal. Chem. Bd. 18 pag. 625. Dingler's Journ. Bd. 225 pag. 61.

[39]) Bull. de la soc. chim. de Paris. 44 pag. 16. Ztschft. f. anal. Chem. 1886 pag. 592. Chemikerztg. 1885 pag. 1502.

[40]) Transactions of the Americ. Instit. of Min. Engineers 1881. Bg. u. Httnmsch. Ztg. 1882 pag. 44.

kalium zu einem Liter gelöst und der Titer auf unterschwefligsaures Natron gestellt, dessen Wirkungswerth durch eine unveränderliche Kaliumbichromatlösung ermittelt wurde. Diese Schwefelbestimmung soll binnen einer Stunde auszuführen sein.

Colorimetrische Schwefelbestimmung. J. Wiborgh[41]) gründet eine Methode der Schwefelbestimmung in Eisensorten auf die färbende Wirkung des Schwefelwasserstoffgases auf Metallsalze, mit welchen weisse Baumwollzeuge imprägnirt werden, durch die das Hydrothiongas hindurchpassiren muss, wodurch das Zeug von dem sich bildenden Schwefelmetall gefärbt wird. Aus der Intensität der Farbe wird auf den Schwefelgehalt geschlossen. Wiborgh empfiehlt zur Imprägnation des Zeugs Cadmiumacetat und zwar 5 g des krystallisirten Salzes in 100 ccm Wasser gelöst; man schneidet kreisrunde Lappen von etwa 8 cm Durchmesser aus dem Zeug, legt sie in die Cadmiumlösung und wenn sie gehörig durchtränkt sind, lässt man sie auf einem reinen Leinentuche trocknen. Die trockenen Scheiben bewahrt man in einer Pappschachtel auf.

Man stellt sich zuerst eine Farbenscala her, indem man verschiedene Mengen eines Eisens, dessen Schwefelgehalt genau bekannt ist, in dem unten beschriebenen Apparat löst und sonst hierbei in gleicher Weise verfährt, wie in dem folgenden angegeben.

Der in Verwendung zu nehmende Apparat (Fig. 28) besteht aus einem Kochkölbchen, das durch einen mit 2 Bohrungen versehenen Kautschuckstopfen gut verschliessbar ist; in die eine Bohrung wird der zu einer Röhre ausgezogene Glascylinder a, in die andere das aus zwei Theilen bestehende Trichterrohr b eingesetzt, an dessen Kautschuckverbindung ein Schraubenquetschhahn f aufgeschoben wird, mit welchem man den Abfluss der nach b eingebrachten Säure in den Kolben regulirt. Auf das Rohr a wird oben ein Kautschuckring, darüber der präparirte Zeuglappen, über diesen wieder ein Kautschuckring und schliesslich ein Holzring c aufgelegt, den man mittelst der Klemmen d an den oberen matt geschliffenen Rand von a anpresst. Durch die Kautschuckringe wird die zu färbende Fläche bestimmt, welche einer richtigen Vergleichung wegen in allen Fällen dieselbe sein muss, denn ein und dieselbe Menge Schwefelwasserstoff wird auf verschieden grossen Flächen auch verschiedene Far-

---

41) Jern Contorets Annaler 1886. Bg. u. Httnmsch. Ztg. 1886 pag. 123. Stahl und Eisen 1886 Heft 4.

benintensität hervorbringen; ein Durchmesser des Rings von 55 mm
ist ganz passend.

Bei Vornahme der Probe wird der vorher wohl gereinigte Kolben zur Hälfte mit destillirtem Wasser gefüllt, der Apparat zusammengesetzt und soweit erhitzt, dass das Wasser eben schwach kocht;

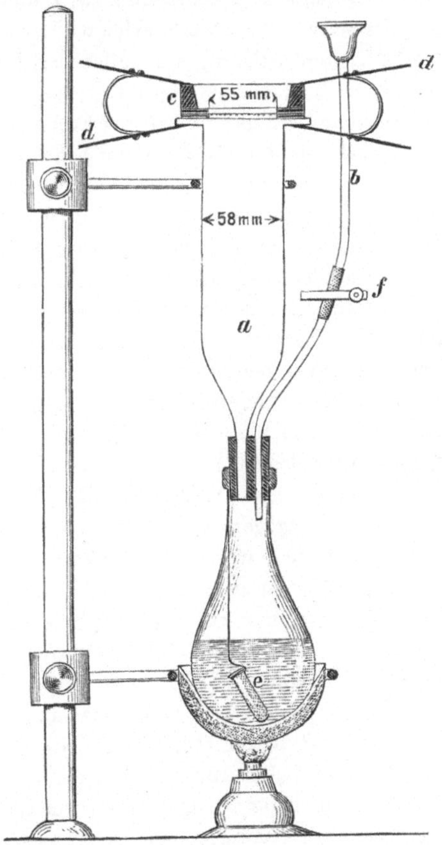

Fig. 28.

sodann wird das in Form von Pulver, Feilspänen oder Bohrspänen
abgewogene Eisen, das man in das Röhrchen e gebracht hat, mit
Hilfe eines umschlungenen Platindrahts in das durch das Kochen
des Wassers indessen luftfrei gewordene Kölbchen in der Weise ein-
geklemmt, wie in Fig. 28 angezeigt ist, und noch etwa 10 Minuten

länger das Kochen unterhalten, damit das Baumwollzeug von den durchziehenden Dämpfen gehörig durchfeuchtet werde. Jetzt bringt man 10—15 ccm verdünnte Schwefelsäure (1 : 3) in das Trichterrohr b, und lässt durch vorsichtiges Oeffnen des Schraubenquetschhahns die Säure langsam in den Kolben herabtropfen. Das sich entwickelnde Schwefelwasserstoffgas passirt nun das Baumwollzeug und färbt hierbei die Unterseite gelb. Nach erfolgter Lösung des Eisens lässt man noch 10 Minuten kochen, um allen Schwefelwasserstoff auszutreiben, löst dann die Klemmen und legt das Zeug auf reines Filtrirpapier zum Trocknen, worauf man mit der Farbenscala vergleicht.

Es ist wichtig, dass aus dem Kolben vor Einbringen der Probe durch langsames Kochen des vorgelegten Wassers alle Luft ausgetrieben und dass auch bis zur Beendigung der Prüfung der Kolbeninhalt in diesem gelinden Sieden erhalten wird; bei zu starkem Kochen verdichtet sich der Zeuglappen zu sehr und nimmt eine convexe Form an, und in Folge des im Kolben herrschenden Drucks entweicht ein Theil des Schwefelwasserstoffs durch das Trichterrohr b. Die Farbe auf dem Zeug muss gleichmässig sein, wozu nöthig ist, dass die Verengerung des Rohres a genau in der Mitte dieses Rohrs sich befinde und dass diese Verengerung nur kurz sei, etwa blos 5—10 mm unter den Stopfen reiche und nicht über 9 mm Durchmesser habe, weil, wenn sie weiter ist, die Färbung ungleichmässig ausfällt, wenn sie dagegen enger ist, Tropfen condensirten Wassers auf das Zeug geworfen werden und dasselbe fleckig machen. Die Probe dauert 30—45 Minuten; Kupfer und Arsen sind, wenn gegenwärtig, unschädlich und nur schwächere Farbentöne lassen eine genauere Vergleichung zu. Zur Probe sollen 0,4 g eingewogen werden.

Bestimmung des Phosphors in Eisen. F. Dewey[42]) wendet zur Controle des Betriebes folgende Methode an. Die salpetersaure Lösung wird unter Zufügen von Salzsäure zur Trockne gedampft und der Rückstand $1\frac{1}{2}$ Stunden hindurch auf 120—130° C. erhitzt. Man löst dann in Salpetersäure unter gelindem Erwärmen binnen 15—20 Minuten auf, dampft bis zur Syrupconsistenz ein, verdünnt und filtrirt. Das Filtrat wird mit einer hinreichenden Menge Molybdänsäurelösung versetzt, öfter umgerührt und nach drei Stunden der Niederschlag abfiltrirt, getrocknet und gewogen.

---

[42]) Transactions of the Americ. Instit. of Min. Engineers 1881. Bg. u. Hüttnmsch. Ztg. 1882 pag. 45.

L. Wright[43]) bestimmt den Phosphor durch Titriren der in dem Ammoniumphosphomolybdat enthaltenen Molybdänsäure mittelst Kaliumpermanganat. 3 g Stahl werden in 30 ccm Salpetersäure gelöst, und nach dem Aufhören der Entwickelung der rothbraunen Dämpfe bis zur Eintrocknung erhitzt; die trockene Masse wird in Salzsäure gelöst, die Lösung durch Kochen eingeengt, abgekühlt und mit einer concentrirten Lösung von salpetersaurem Ammoniak versetzt. Man filtrirt dann in ein Becherglas, fügt Wasser hinzu, erhitzt auf 70— 80° C. und hält die Lösung nach Zusatz der Molybdänsäurelösung etwa 1 Stunde hindurch auf dieser Temperatur, worauf man abfiltrirt, mit einer sechsprocentigen Lösung von Ammoniumnitrat auswäscht, in verdünntem Ammoniak löst, die Lösung dann mit 50 ccm verdünnter Schwefelsäure sauer macht, mit Zink $1/2$ Stunde kocht, um die Molybdänsäure zu reduciren, und mit Kaliumpermanganat titrirt. Die zu titrirende Lösung muss nach erfolgter Reduction stark verdünnt werden und mit bräunlicher Farbe durchscheinend sein: ein sicheres Kennzeichen für die beendigte Reduction hat man nicht, man muss eben lieber etwas länger digeriren. Nach Zusatz der Säure zu der Lösung des gelben Niederschlags in Ammon, wird die Molybdänsäure anfangs gefällt, löst sich aber im Ueberschuss der Säure wieder auf, und nach Zufügen des Zinks färbt sich die Flüssigkeit blau und geht durch Schmutzigroth in Schwarzgrün über. Diese Probe ist nur eine annähernd richtige und als Betriebsprobe in Uebung.

Zur Bestimmung des Phosphors im Eisen lässt sich aber auch sehr gut jene Methode anwenden, die man bei der Lösung des Eisens mit Chlorkupfer - Chlorammonium Behufs Bestimmung des Gesammtkohlenstoffs befolgt. A. E. Haswell hat nämlich gefunden, dass die Phosphorsäure aus einer mit Salpetersäure stark angesäuerten Lösung von Kupfernitrat durch molybdänsaures Ammon vollständig fällbar ist. Zur Lösung des Eisens benutzt man am zweckmässigsten eine 7 procentige Lösung von Chlorkupfer-Chlorammonium, mit welcher man die Eisenspäne in einem gut verkorkten, zur Abkühlung in Wasser gestellten Kolben unter öfterem Umschütteln zwölf Stunden digerirt. Bei Anwendung concentrirterer Kupferlösung können durch Entweichen von Phosphorwasserstoffgas die

---

43) Transactions of the Americ. Instit. of Min. Engineers 1881. Bg. u. Httnmsch. Ztg. 1882 pag. 44.

Untersuchung beeinträchtigende Verluste entstehen. Nimmt man eine der Eisenmenge entsprechende, stöchiometrisch berechnete Menge des Kupfersalzes, so ist die erhaltene Lösung nahezu frei von Kupfer. Man decantirt durch ein Filter, wäscht wiederholt mit destillirtem Wasser aus, trocknet das Filter und äschert es ein, den gewaschenen Rückstand im Kolben aber löst man in concentrirter Salpetersäure auf, spült in eine Porzellanschale, gibt die Filterasche dazu und dampft zur Abscheidung der Kieselerde ab. Man nimmt den Rückstand in salpetersäurehaltendem Wasser auf, filtrirt ab, versetzt mit Ammoniummolybdat im Ueberschuss, erwärmt auf dem Wasserbade und bestimmt in bekannter Weise die Phosphorsäure als Magnesiapyrophosphat. Die Methode gibt gute Resultate[44]).

Nach N. Huss[45]) steht auf Stahlwerken die folgende Methode der Phosphorbestimmung für Stahl (Thomasstahl) in Anwendung. Der Gehalt an reinem Eisen in dem Stahl muss annähernd genau bekannt sein; man wägt von dem zu prüfenden Material soviel ab, dass 10 g reines Eisen in der abgewogenen Menge enthalten sind; für die Atomgewichte $H = 1$, $N = 14$, $O = 16$ und $Fe = 56$ ergibt sich, dass bei dem Lösen der angegebenen Eisenmenge in 200 ccm Salpetersäure von 1,2 spez. Gew. (weil nach der Formel $Fe_2(NO_3)_6$ in 484 Gewichtstheilen Ferrinitrat 112 Gewichtstheile Eisen enthalten sind) aus der Proportion

$$112 : 484 = 10 : x$$
$$x = 43,21$$

Ferrinitrat gebildet werden.

Setzt man nun das Ferrinitrat durch die genau entsprechende Menge Salmiak in Eisenchlorid um, so folgt aus der Formel

$$F_2(NO_3)_6 + 6\,NH_4\,Cl = F_2\,Cl_6 + 6\,NH_4\,NO_3,$$

dass man für 484 Gewichtstheile Ferrinitrat $6 \times 53,5 = 321$ Theile Salmiak nehmen müsse, und für das Ferrinitrat aus 10 g werden demnach

$$484 : 321 = 43,21 : y$$
$$y = 28,65 \text{ g}$$

Salmiak erforderlich sein.

Man setzt demnach zu der erhaltenen salpetersauren Eisenlösung 28,65 g Salmiak in 100 ccm Wasser gelöst hinzu, hierauf

---

[44]) Oesterr. Ztschft. f. Bg. u. Httnwsn. 1880 pag. 481.
[45]) Ztschft. f. anal. Chem. 1886 pag. 319.

50 ccm einer Lösung von molybdänsaurem Ammon, mischt, erwärmt und filtrirt nach dem Absetzen des Niederschlages, welcher sehr bald zu Boden geht. Es kann nun nach dem Abfiltriren und Trocknen des Niederschlages entweder dieser zur Abwage gelangen, oder man löst das phosphomolybdänsaure Ammon in sehr verdünntem Ammoniak vom Filter und lässt in dasselbe Glas zurücklaufen, aus welchem man filtrirt hat, setzt einige Tropfen Brom hinzu, bis die Flüssigkeit röthliche Farbe annimmt, lässt kurze Zeit einwirken und setzt dann vorsichtig wieder Aetzammoniak zu, bis die Flüssigkeit wieder alkalisch wird, filtrirt dann durch dasselbe Filter und fällt die Phosphorsäure mit Magnesiamischung, welchen Niederschlag man nach dem Abfiltriren und Glühen zur Wage bringt.

Es gründet sich diese Methode auf die folgenden Wahrnehmungen; nämlich:

1. dass aus salpetersaurer Lösung von Eisen durch Molybdänsäure nicht aller Phosphor ausgefällt wird,

2. dass sowohl freie Salzsäure als auch grössere Mengen von Chlorammonium, letztere bei Gegenwart von Salpetersäure lösend auf den gelben Niederschlag von phosphomolybdänsaurem Ammon einwirken und demnach die Resultate zu niedrig ausfallen, wenn die genannten Körper anwesend sind. Darum die möglichst genaue Umsetzung des Ferrinitrats in Chlorid.

Nach Mittheilungen aus jüngster Zeit von L. Schneider[46]) ist die Ursache der unvollkommenen Bestimmung des Phosphors im Eisen der Umstand, dass sich bei der Auflösung von Phosphoreisen allemal eine nicht unbedeutende Menge phosphoriger Säure bildet, die, überhaupt schwierig oxydirbar, durch die aus dem Kohleneisen entstehenden leichter oxydirbaren organischen Substanzen vor höherer Oxydation geschützt wird. Durch Eindampfen der Lösung und weitere Erhitzung des Ferrinitrats bis zur Zersetzung desselben werden alle Bestimmungsfehler vermieden, mag der gelbe Niederschlag von phosphomolybdänsaurem Ammon oder das Magnesiaphosphat zur Wägung gelangen.

E. F. Wood[47]) empfiehlt die folgenden Verfahren bei Phosphorbestimmungen:

a) Für Eisen, Stahl und Ferromangan. 1,63 g werden in einer bedeckt gehaltenen Porcellanschale mit 35 ccm Salpetersäure

---

46) Oesterr. Ztschft. f. Bg. u. Httnwsn. 1886 pag 767.

47) Ztschft. f. anal. Chem. 1866 pag. 489.

von 1,2 spez. Gew. fast zur Trockne gedampft, dann 15—20 ccm concentrirte Salzsäure zugegeben, wieder zur Trockne gedampft und eine Stunde lang auf 300° C. erhitzt, bis kein Geruch nach Salzsäure mehr wahrzunehmen ist; man lässt dann abkühlen, fügt 30—35 ccm concentrirte Salzsäure zu, kocht bis zu erfolgter Lösung (mit Ausnahme von Kieselerde und Graphit), verdünnt mit wenig heissem Wasser in ein 200 ccm fassendes Becherglas und wäscht mit Salzsäure und heissem Wasser aus; das Filtrat soll nicht über 125 ccm betragen. Man verdampft dann die Flüssigkeit bis auf 15 ccm, setzt 35—40 ccm Salpetersäure von 1,42 spez. Gew. hinzu, verdampft wieder auf 15 ccm, gibt dann 5 ccm Wasser und 70 ccm Molybdänlösung zu, rührt um, lässt zwei Stunden bei 30—40° C. stehen, und filtrirt den wohl abgesetzten Niederschlag auf ein getrocknetes und gewogenes Filter, auf welchem man denselben mit 2 % Salpetersäure von 1,2 spez. Gew. enthaltendem Wasser gut auswäscht und nach dem Trocknen wägt. Der gelbe Niederschlag enthält 1,63 % Phosphor, so dass jedes Milligramm 0,001 % Phosphorgehalt der Probesubstanz entspricht.

b) Für Stahl und Schmiedeeisen. 1,63 g werden mit 35 ccm Salpetersäure von 1,2 spez. Gew. in einem 200 ccm fassenden Becherglase gelöst, die Lösung auf 15 ccm eingedampft, 15—18 ccm Chromsäurelösung zugegeben, wieder auf 15—20 ccm eingedampft, 5 ccm Wasser zugesetzt und die Fällung wie oben angegeben vorgenommen.

c) Für Roheisen. 1,63 g werden in 35 ccm Salpetersäure von 1,2 spez. Gew. in einem Becherglas gelöst, 3—5 Tropfen Flusssäure zugegeben, die Flüssigkeit auf 15—20 ccm eingedampft, 18 ccm Chromsäure zugegeben, 5 Minuten gekocht, über Asbest filtrirt, auf 20 ccm concentrirt und nach dem Abkühlen die Phosphorsäure gefällt.

Die Molybdänlösung bereitet man durch Mischen von 700 ccm Ammon mit 1200 ccm Wasser, Auflösen von 454 g Molybdänsäure darin, Zufügen von 400 ccm Salpetersäure von 1,42 spez. Gew. und Abgiessen von 600 ccm dieser Lösung in ein Gemisch von 615 ccm Salpetersäure von 1,42 spez. Gew. und 715 ccm Wasser. Man lässt dann 24 Stunden stehen und filtrirt für den jedesmaligen Gebrauch davon ab.

Die Chromsäurelösung erhält man durch Auflösen von 50 g Chromsäure in 1 Liter Salpetersäure von 1,42 spez. Gew. unter Erwärmen. Diese Lösung muss öfter frisch bereitet werden, da sie den Zweck hat, die durch Einwirkung der Salpetersäure auf den Kohlenstoff des Eisens entstehenden organischen Substanzen zu zerstören, und nach 3—4 Wochen an oxydirender Kraft verliert.

Zugabe von mehr als 5 Tropfen Flusssäure beeinträchtigt die Resultate; höher als 40° soll die Lösung für die Fällung der Phosphorsäure nicht erwärmt werden, da in heisseren Lösungen bei Gegenwart von Arsen auch dieses ausgefällt wird.

Die Bestimmung des Phosphors in Roheisen und Stahl nimmt W. Kalmann[48]) derart vor, dass je nach dem Phosphorgehalt 1—10 g zur Probe genommen, in einen Platintiegel gebracht und darin mit dem gleichen bis doppelten Gewicht eines Gemenges von zwei Theilen gebrannter Magnesia mit ein Theil Natriumkaliumcarbonat gemengt, dann über einem Bunsen'schen Brenner zuerst im geschlossenen, hierauf im schief gelegten offenen Tiegel zwei Stunden lang unter Umrühren nach je 10 Minuten erhitzt werden. Die erkaltete Masse wird in einem Becherglase mit Citronensäure unter Erwärmen ausgezogen, dann filtrirt man die saure Lösung ab, wäscht auf dem Filter mit einer einprocentigen Citronensäurelösung so lange, bis das Filtrat mit Salmiak und Ammoniak versetzt auch nach längerer Zeit keine Trübung mehr gibt, versetzt dann das Filtrat mit Salmiak und Ammoniak und filtrirt endlich nach dem Absetzen den gebildeten Niederschlag von phosphorsaurer Ammonmagnesia ab, welchen man in Salzsäure löst und nochmal mit Ammoniak fällt, wodurch das Präcipitat grobkrystallinisch ausfällt und bald abfiltrirt werden kann. Die ersten Partien der citronensauren Lösung pflegen etwas trübe durch das Filter zu gehen und müssen wieder aufgegossen werden.

Makintosh[49]) löst das Eisen in einem Kolben unter gleichzeitigem Durchleiten von Sauerstoff oder Luft in Salzsäure auf, und leitet das entwickelte Gas durch Absorptionsgefässe, in welchen mit Schwefelsäure angesäuerte Kaliumpermanganatlösung vorgelegt ist. Man bringt die Eisenlösung schliesslich zum Sieden, sperrt die Gas-(Luft-) Zuführung ab, bringt eine starke wässerige Lösung von schwefliger Säure in den Kochkolben und kocht so lange, bis das in den Absorptionsgefässen ausgeschiedene Manganperoxyd sich

---

[48]) Monatshefte f. Chem. **6** pag. 818. Ztchft. f. anal. Chem. 1886 pag. 561.

[49]) Transact. of the Americ. Instit. of Min. Eng. 1885. Ztschft. f. anal. Chem. 1886 pag. 563.

wieder gelöst hat. Man lässt den Kolben dann erkalten, filtrirt ab und vereinigt das Filtrat mit dem Inhalt aus den Absorptionsgefässen; die vereinigten Lösungen werden bis zur Austreibung des Schwefeldioxyds gekocht, zur Oxydation geringer Mengen Eisen einige Cubikcentimeter Permanganat zugefügt, und das Eisen als basisches Acetat ausgefällt, die Filtrate davon aber noch weiter gekocht um noch ein zweites und drittes Mal Niederschläge zu erhalten und in denselben die gesammte Phosphorsäure abzuscheiden. Diese Präcipitate werden in Salzsäure gelöst. Indessen hat man den im Kochkolben verbliebenen unlöslichen Rünkstand in einer Porcellanschale mit Salpetersäure und Kaliumchlorat oxydirt, zur Trockne gedampft und die Kieselerde abgeschieden; das Filtrat von dieser wird nun zu der durch Lösen der Eisenniederschläge in Salzsäure erhaltenen Flüssigkeit zugegeben und die Phosphorsäure daraus mit Molybdänlösung gefällt.

Bestimmung von Phosphor und Silicium in Eisen und Stahl aus einer Lösung nach A. Blair[50]). Dieses in Nordamerika sehr häufig angewendete Verfahren wird in folgender Weise beschrieben: 5 g der Bohr- oder Drehspäne werden in einem etwa $\frac{1}{2}$ Liter fassenden bedeckten Glase mit 40 ccm starker Salpetersäure in Lösung gebracht, zur Trockne gedampft, 35 ccm Salzsäure zugefügt, in dem bedeckten Glase wieder gelöst, abermal zur Trockne gedampft und endlich auf dem Sandbad bei 120—130° C. so lange erwärmt, bis durch den Geruch keine Spur von Salzsäure mehr erkennbar ist. Nach dem Erkalten löst man wieder in 35 ccm Salzsäure, setzt 50 ccm Wasser zu, kocht etwa $\frac{1}{2}$ Stunde, um den Säureüberschuss zu verdampfen, filtrirt die unreine Kieselerde ab, wäscht sie mit verdünnter Salzsäure und heissem Wasser und bestimmt ihr Gewicht.

Die geglühte und gewogene Kieselerde wird in einem tarirten Platintiegel mit Flusssäure und 1 oder 2 Tropfen Schwefelsäure behandelt, wenn Lösung erfolgt ist, diese zur Trockne gedampft, dann durch langsames Erwärmen allmälig die Schwefelsäure verjagt, der Tiegel ganz kurze Zeit hierauf zu dunkler Rothgluth erhitzt, erkalten gelassen und gewogen. Der Gewichtsverlust entspricht der Kieselerde.

Das Filtrat von der Kieselerde wird in einem Becherglase auf

---

[50]) Ztschft. f. anal. Chem. Bd. 18 pag. 122.

400 ccm verdünnt, eine genügende Menge saures, schwefligsaures Ammon zugefügt, um das Eisenoxyd zu reduciren, dann wird zum Kochen erhitzt, mit Ammon neutralisirt, und wenn die Lösung farblos geworden ist, 50 ccm concentrirte Salzsäure zugegeben und gekocht, bis der Geruch nach schwefliger Säure völlig verschwunden ist. Dann wird rasch abgekühlt, verdünntes Ammon zugefügt, bis ein geringer grüner Niederschlag entsteht und bleibt, dieser wieder durch Zufügen von Essigsäure gelöst, hierauf 1—2 ccm starkes Ammoniumacetat und 3—5 ccm verdünnte Essigsäure zugegeben, mit heissem Wasser auf ³/₄ Liter verdünnt, und wenn der entstandene Niederschlag weiss ist, wird tropfenweise sehr verdünnte Eisenchloridlösung zugesetzt, bis das Präcipitat schwach roth gefärbt erscheint; dann erhitzt man zum Kochen und filtrirt rasch, wäscht mit heissem Wasser, löst den Filterinhalt in dem Filter in Salzsäure, an den Wänden des Becherglases Haftengebliebenes ebenfalls und giesst durch das Filter, welches man zuletzt mit heissem Wasser gut auswäscht.

Diese Flüssigkeit dampft man nahe zur Trockne, setzt 2—3 g Citronensäure in 5 ccm Wasser gelöst dazu, um alles Eisen in Lösung zu erhalten, dann fügt man Magnesiamischung und überschüssiges Ammon zu, rührt um, lässt erkalten, rührt dann so lange, bis der Niederschlag von Ammonmagnesia entstanden ist und lässt über Nacht stehen. Die Menge der Lösung soll nicht über 30 ccm betragen.

Man filtrirt auf einem kleinen bedeckten Filter, ohne das an den Glaswänden Haftengebliebene fortzuspülen, wäscht mit Ammoniakwasser gut aus, trocknet den Niederschlag und glüht ihn in einem Platintiegel, löst ihn in einer zu gleichem Theil mit Wasser verdünnten Salzsäure, bedeckt den Tiegel und kocht vorsichtig eine halbe Stunde, und bringt die Lösung in dasselbe Becherglas zurück, aus welchem man den Niederschlag filtrirte, indem man den Tiegel ebenfalls da hinein ausspült; man dampft wieder auf 30 ccm Volumen ein, versetzt mit 2—3 Tropfen Magnesiamischung, gibt einen Krystall Citronensäure und Ammoniak im Ueberschuss zu, kühlt ab, lässt über Nacht stehen, und behandelt den Niederschlag in bekannter Weise.

R. Broockmann[51] macht aufmerksam, dass die in gewöhn-

---

[51] Ztschft. f. anal. Chem. Bd. 21 pag. 551.

licher Weise ausgeführten Bestimmungen der Phosphorsäure nicht genügend genau ausfallen, indem einestheils das Ammon-Magnesium-phosphat an den Glaswänden des Füllungsgefässes und Trichters sich hinaufzieht und das Sammeln im Filter sowie das Auswaschen erschwert, anderntheils ist das Magnesiasalz so leicht, dass bei dem Einbringen des trockenen Niederschlags in den Glühtiegel ein geringer Verlust durch Verstäuben unvermeidlich ist. Um diese Fehlerquellen zu umgehen, wird empfohlen, den gut ausgewaschenen Niederschlag direct vom Filter, sowie die im Fällungsgefäss an den Wänden noch anhaftenden Partikelchen in Salpetersäure zu lösen, die Lösung in einen tarirten Tiegel zu bringen, darin zur Trockne zu verdampfen und den Rückstand zu glühen. Die Resultate sind dann richtig, und da jede Möglichkeit zu Verlusten vermieden wurde, stets etwas höher, als man nach dem sonst gebräuchlichen Verfahren erhält.

Regeneration der Molybdänsäureflüssigkeiten. Nach P. Wagner werden die sauren Molybdänflüssigkeiten in einer etwa 10 Liter fassenden Flasche, und die ammoniakalischen Filtrate in einer zweiten solchen Flasche gesammelt. Man setzt dann über einen Windofen einen mit Wasser zum Theil gefüllten Kessel, der als Wasserbad dient, und auf diesen eine grössere, etwa 5 Liter fassende Porzellanschale, in welche man die klar abgestandenen, sauren Flüssigkeiten mittelst eines Hebers abzieht und bis auf etwa $1\frac{1}{2}$ Liter abdampft, wobei sich fast die gesammte Molybdänsäure der Flüssigkeit als fest an der Porzellanschale haftende Kruste ansetzt. Man lässt etwas erkalten, giesst die Mutterlauge ab, wäscht die Kruste mit etwas Wasser, das man in die erste Flasche zurückgiesst, bringt die Schale wieder über das Wasserbad, und fügt die indessen aus der zweiten Flasche klar abgehobene ammoniakalische Flüssigkeit hinzu, worin sich die Kruste von Molybdänsäure bald auflöst. Man dampft wieder bis auf etwa $1\frac{1}{2}$ Liter ein, filtrirt dann heiss in eine andere Schale und lässt einige Tage kalt stehen.

Die angeschossenen Krystalle von Ammoniummolybdat werden hierauf, nachdem die Mutterlauge abgegossen wurde, mit Wasser gewaschen und durch Umkrystallisiren gereinigt. Das Waschwasser wird mit der Mutterlauge vereint bis auf $\frac{1}{2}$ Liter abgedampft, dann auskrystallisiren gelassen, und die getrocknete Krystallmasse bei der nächsten Verarbeitung der Molybdänrückstände in der Krystallisationslauge wieder aufgelöst.

Nach W. Venator[52]) werden die die Molybdänsäure enthaltenden Flüssigkeiten, wenn sie eisenfrei sein sollten, mit soviel Eisenchloridlösung versetzt, bis die Flüssigkeit braungelb geworden ist,
und dann Ammon im Ueberschuss zugefügt, bis alles Eisen und
mit diesem die Phosphorsäure gefällt ist; nach erfolgtem Absetzen
wird filtrirt und das Filtrat mit Chlorbarium versetzt, wodurch die
Molybdänsäure und allenfalls anwesende Schwefelsäure als Baryt-
salze gefällt werden. Der abfiltrirte Niederschlag wird mit heissem
Wasser gut ausgewaschen, getrocknet, und hierauf unter fleissigem
Umrühren mit einer äquivalenten Menge Ammoniumsulfat längere
Zeit gekocht, wodurch das Bariummolybdat vollkommen zersetzt
wird. Das Bariumsulfat wird abfiltrirt und das Ammoniummolybdat
auskrystallisiren gelassen, welches in dieser Weise sehr rein erhalten wird.

Bestimmung des Mangans in Eisensorten durch Gewichts-
analyse. Bestimmung des Mangans mit Umgehung vor-
heriger Eisenfällung nach L. Jawein und F. Beilstein[53]).
Diese Methode gründet sich auf die Ausfällung des Mangans als
Superoxyd aus einer Lösung von Mangankaliumcyanür durch Jod;
die Fällung geschieht schon in der Kälte vollständig, während Eisen-
cyankaliumlösungen nicht gefällt werden. Den dabei stattfindenden
Process veranschaulicht folgende Gleichung:

$$(4\,K\,Cy\,Mn\,Cy_2) + 14\,J + 2\,H_2\,O = Mn\,O_2 + 4\,HJ + 4\,KJ + 6\,CyJ.$$

Man giesst die Lösung beider Metalle in eine concentrirte überschüssige Cyankaliumlösung und wartet ab, bis der anfangs entstandene Niederschlag sich fast ganz löst, was binnen $\frac{1}{2}$—1 Stunde
erfolgt; man filtrirt ab, löst die geringe Menge Rückstand in der
Kälte mit wenig verdünnter Salzsäure, versetzt die Flüssigkeit mit
überschüssigem Cyankalium und · fügt sie zu der erst erhaltenen
Lösung hinzu. Man trägt nun so lange festes Jod in die Flüssig-
keit ein, bis dieselbe tiefbraun gefärbt erscheint, und setzt zur
Bindung des freien Jods schliesslich einige Tropfen Alkali hinzu.
Man filtrirt ab und überzeugt sich in dem Filtrat von der völligen
Ausfällung des Mangans, indem man zu einem Pröbchen desselben
Jod zugiebt, gelinde erwärmt und dann Kali- oder Natronlauge zu-

[52]) Chemikerztg. 1885 pag. 1068.
[53]) Ber. d. deutsch. chem. Gesellsch. **12** pag. 1528. Chemikerztg. 1879
pag. 630.

setzt, wobei die Flüssigkeit vollständig klar bleiben muss. Der abfiltrirte Manganniederschlag wird gut ausgewaschen, in Salzsäure gelöst und das Mangan als Sulfür bestimmt.

Bei dieser Gelegenheit sei einer von Classen[54]) angegebenen vortheilhaften Fällung des Mangans erwähnt, wonach dasselbe als wasserfreie Verbindung niederfällt und als solche sich rascher absetzt und gut filtriren und auswaschen lässt; Gegenwart von Chlorammonium beeinträchtigt dann diese Art der Fällung nicht. Es gelingt nämlich leicht, das Mangan als grünes, wasserfreies Sulfür zu fällen, wenn man die Auflösung nach Zusatz von etwas Kaliumoxalat einige Minuten zum Kochen erhitzt, dann ammoniakalisch macht und zu der heissen Flüssigkeit Schwefelammonium hinzufügt. Entweder entsteht sofort grünes Sulfür oder ein Gemenge beider Verbindungen, deren Umwandlung bei fortgesetztem Erhitzen im Sandbad bald erfolgt.

Die beiden oben vorher genannten Autoren haben noch die folgende Methode angegeben, welche sich auf die Thatsache gründet, dass Mangansalze bei dem Kochen mit concentrirter Salpetersäure und Kaliumchlorat alles Mangan als Superoxyd ausscheiden (siehe später die Methode von Hampe). Man löst das manganhaltige Probirgut in gewöhnlicher concentrirter Salpetersäure von 1,35 spez. Gew., erhitzt zum Kochen und trägt unter fortwährendem Sieden der Lösung allmälig Kaliumchlorat in kleinen Portionen ein; in kurzer Zeit ist alles Mangan gefällt und eine Probe der abfiltrirten Flüssigkeit darf durch Kochen mit Salpetersäure und Zusatz von Kaliumchlorat keinen Niederschlag mehr geben. Vor dem Filtriren verdünnt man mit Wasser, löst den Niederschlag nach dem Filtriren in Salzsäure, verdampft die Lösung zur Trockne und behandelt den Rückstand nochmal in gleicher Weise, worauf man wieder löst und als Schwefelmangan bestimmt.

v. Jüptner[55]) hat die folgende gewichtsanalytische Methode der Manganbestimmung in Eisensorten und Eisenerzen angegeben. Die das Eisen als Chlorid enthaltende, durch Auskochen von Chlor befreite Probelösung wird in einen Messkolben gebracht, darin die freie Säure durch Soda abgestumpft, überschüssiger Salmiak zugesetzt, in der Kälte mit Bariumcarbonat gefällt und Ammoniak in Ueberschuss

---

[54]) Ztschft. f. anal. Chem. Bd. 16 pag. 319.
[55]) Chemikerztg. 1885 pag. 692.

zugefügt, worauf man längere Zeit unter häufigem Umschütteln digerirt. Nach Auffüllen bis zur Marke und gutem Durchmischen filtrirt man durch ein trockenes Filter. Ein entsprechender aliquoter Theil des aufgemessenen Volums wird nach dem Abfiltriren zum Sieden erhitzt, der Baryt mit Schwefelsäure ausgefällt, die Lösung sodann (ein Abfiltriren des Baryts ist nicht nothwendig, aber empfehlenswerth) mit Ammon neutralisirt, wieder zum Kochen gebracht und das Mangan durch Schwefelammonium gefällt. Nach einigem Abkühlen und Absetzen prüft man unter neuerlichem Zufügen von Schwefelammonium auf die vollständige Fällung des Mangans.

Der Niederschlag von Schwefelmangan wird in ein Becherglas gespritzt, Essigsäure zugegeben und zum Kochen erhitzt, dann die das Mangan enthaltende Lösung in eine tarirte Platinschale filtrirt, darin zur Trockne verdampft, durch vorsichtiges Erwärmen die Essigsäure zersetzt, der kohlige Rückstand bis zum Verbrennen der Kohle geglüht und schliesslich das Manganoxyduloxyd gewogen.

In der Probesubstanz anwesendes Zink muss vor der Manganfällung entfernt werden.

Manganbestimmung durch Massanalyse. Methode von C. Rössler[56]). Versetzt man die Lösung eines Manganoxydulsalzes mit Silbernitrat und fällt das Gemisch mit Aetzkali, so entsteht ein schwarzes Präcipitat, welches die Zusammensetzung nach der Formel $Ag_4 O . Mn_2 O_3$ besitzt; es sind demnach auf je 2 Atome Silber 1 Atom Mangan darin enthalten. Mit Benutzung der Vollhard'schen Methode der Silberbestimmungen empfiehlt nun Rössler das folgende Verfahren für die Bestimmung des Mangans: Die in einem Einhalbliterkolben befindliche Lösung der Probesubstanz wird mit einer gemessenen Menge Zehntelnormalsilberlösung versetzt, welche grösser sein muss, als zur Ausfällung dss Mangans nothwendig ist; man erhitzt jetzt den Kolben auf dem Wasserbade und setzt in kleinen Portionen nach und nach eine Lösung von Natriumcarbonat (statt des Aetzkali) unter stetem Umschwenken nach jedem Zusatz so lange hinzu, bis der entstandene Niederschlag nicht mehr schwarz, sondern gelbbraun erscheint, oder bis überhaupt kein Niederschlag

---

[56]) Ber. d. deutsch. chem. Gesellsch. 1879 pag. 925. Dingler's Journ. Bd. 233 pag. 86. Liebig's Annal. d. Chem. Bd. 200 pag. 323. Ztschft. f. anal. Chem. Bd. 19 pag. 75.

mehr entsteht. Man fügt jetzt zu der Lösung des überschüssig mit-
gefällten Silberoxyds 10 ccm Ammoniak von 0,92 spez. Gew. hinzu,
kühlt ab und füllt zur Marke auf. Dann filtrirt man durch ein
Faltenfilter in ein trocknes Becherglas, hebt 50 ccm des Filtrats
mit einer Pipette aus, säuert mit Salpetersäure an und bestimmt
nach der Vollhard'schen Methode darin das Silber, woraus sich durch
Subtraction dieser gefundenen von der zugesetzten Gesammtsilber-
menge jenes Gewicht an Silber ergibt, das zur Ausfällung des
Mangans gedient hat. 1 ccm der Silberlösung entspricht 0,00275 g
Mangan. Eine Abscheidung des Eisens ist nicht nothwendig, wenn
das Eisen als Oxyd in Lösung befindlich ist (Eisenoxydulsalze
zeigen Silbersalzen gegenüber ein ähnliches Verhalten wie Mangan-
oxydulsalze); bei der Bestimmung des Mangans in Eisen oder Stahl
aber würden die bei der Lösung in Salpetersäure sich bildenden
organischen Stoffe reducirend auf die Silberlösung einwirken, und
aus diesem Grunde müssen sie vor dem Zusatz des Silbernitrats
entfernt werden.

Man löst zu diesem Zwecke das fein zertheilte Metall in Salpetersäure von 1,2 spez. Gew., stumpft die freie Säure durch Zusatz von Natriumcarbonat ab, setzt Natriumacetat hinzu und kocht;
das basische Eisenacetat reisst alle organischen Substanzen vollkommen mit nieder. Man schüttelt gut um, lässt abkühlen, füllt
bis zur Marke auf, filtrirt und prüft das Filtrat in der angegebenen
Weise.

Die zu prüfende Lösung darf keine freie Säure enthalten, wesshalb man dieselbe vor dem Zusatz der Silberlösung mit Natriumcarbonat abstumpfen muss; ebenso ist die Gegenwart von Ammonsalzen vor der Fällung des Mangans schädlich, weil diese einen Theil
des Mangans in Lösung erhalten.

Diese Methode ist ebenso gut anwendbar zur Manganbestimmung
in Eisenerzen, dieselben sind aber in den seltensten Fällen in Salpetersäure oder Schwefelsäure aufschliessbar; da nun die zu prüfende
Lösung auch kein Chlor (Jod, Brom) enthalten darf, so schliesst
man die Erze wohl mit Königswasser auf, dampft aber die Lösung
unter Zusatz von Schwefelsäure zur Trockne, so dass man für den
Versuch eine schwefelsaure Lösung erhält. Bei Eisenerzen ist die
Ausfällung des Eisens nur dann nothwendig, wenn auch diese organische Substanzen enthalten; dann muss auch hier das Eisen als
Acetat ausgefällt und von dem klaren Filtrat zur Probe genommen

werden. **Die Fällung der Silber-Manganverbindung muss heiss geschehen.**

Nach Kessler[57]) verfährt man zur Bestimmung des Mangans in hochmanganhaltigen Eisensorten am zweckmässigsten folgends: Man wägt etwa 2 g der Manganlegur ab, schliesst in Salzsäure auf, filtrirt und dampft unter Zusatz einer hinreichenden Menge Kaliumchlorats zur Tockne. Der Rückstand wird in mit Salzsäure schwach angesäuertem Wasser aufgenommen, in einen Erlenmayer'schen Kolben gebracht und soviel einer Lösung von Natriumcarbonat (10 g krystallisirtes Salz in 1 Liter) zugesetzt, bis die Lösung eben neutral geworden ist. Bei diesem Sättigen der Flüssigkeit versetzt man den Inhalt des Kölbchens in lebhafte Rotation und setzt das Natriumcarbonat derart zu, dass dasselbe auf die Peripherie der rotirenden Flüssigkeit, nicht auf den Rand des Gefässes fliesst. Zu viel zugefügtes Natriumcarbonat wird durch tropfenweises Zugeben von verdünnter Salzsäure von 1,01 spez. Gew. wieder neutralisirt.

Man verdünnt dann und fügt für je 1 g Eisen in der Probeflüssigkeit 15 ccm Natriumsulfatlösung hinzu, die man durch Auflösen von 100 g dieses krystallisirten Salzes in 1 Liter Wasser bereitet hat, worauf man gut mischt und rasch durch ein trockenes, bedeckt zu haltendes Faltenfilter filtrirt. Indessen mischt man in einem Kolben 10 ccm Bromwasser, 50 ccm Chlorzink (bereitet durch Lösen von 200 g gereinigten Zinks in Salzsäuse ohne Ueberschuss und Verdünnen auf 1 Liter) und 20 ccm Natriumacetat (500 g krystallisirtes essigsaures Natron in 1 Liter) und setzt das Filtrat in 5 nahezu gleichen Theilen in Pausen von etwa 15 Minuten, hierauf noch 20 ccm Acetat hinzu und erhitzt zum Kochen, bis aller Bromgeruch und Farbe völlig verschwunden sind. Das gefällte Mangandioxyd wird dann so gut als möglich von den Wänden des Kolbens abgespült und auf ein Filtrum gebracht, mit Natriumacetat gewaschen und das Filter sammt Niederschlag in das Fällungsgefäss zurückgegeben. Dazu giebt man nun 15—20 ccm einer Chlorantimonlösung (bereitet durch Auflösung von 15 g Antimonoxyd in 300 ccm Salzsäure und verdünnt auf 1 Liter) aus Vollpipetten in abgemessenen Mengen von je 5 ccm, bis der Niederschlag in der Kälte nicht mehr schwarz, sondern braun bis hellbraun erscheint, fügt noch 25 ccm Salzsäure von 1,19 spez. Gew. hinzu und spült nach völliger Lösung

---

[57]) Ztschft. f. anal. Chem. Bd. 18 pag. 1.

des Niederschlags den Inhalt des Kolbens mit 200 ccm Wasser in ein Becherglas, worin man mit Chamäleon austitrirt. Hierauf titrirt man dieselbe Menge Chlorantimon, welche man zur Zersetzung des Mangandioxyds genommen hat, für sich aus und erfährt aus der Differenz jene Menge Permanganatlösung, die zur Oxydation 'der zu bestimmenden Manganmenge gedient hat.

Titerbestimmung der Permanganatlösung. Es geschieht diese am besten in der Art, dass man eine genau gewogene Menge frisch ausgeglühten Manganpyrophosphats, etwa 0,15 g, in Salzsäure löst, die Lösung im Wasserbad verdunstet und den in Wasser gelösten Rückstand in gleicher Weise, wie oben angegeben, prüft.

Darstellung des Manganpyrophosphates. Dieses Salz enthält 21,831 % Mangan und wird folgends dargestellt: 40 g Mangansulfat und 60 g Natriumphosphat werden in Wasser gelöst, die Lösungen gemischt, die Mischung mit Salzsäure geklärt, mit Ammon übersättigt, wieder mit Salzsäure geklärt, filtrirt, auf 1 Liter verdünnt und mit Ammon gefällt; der Niederschlag wird in einem hohen Gefäss durch wiederholtes Uebergiessen mit Wasser und Decantiren bis zum Verschwinden der Chlorreaction gewaschen, dann unter Zusatz von etwas schwefliger Säure (zur Reduction entstandenen Manganoxyds) in verdünnter Salpetersäure gelöst, mit Ammon übersättigt, mit Salpetersäure geklärt, schliesslich mit Ammon wieder gefällt und wiederholt gewaschen und decantirt, endlich abfiltrirt und das Manganammoniumphosphat ausgeglüht.

Bestimmung des Mangans in Roheisen und Stahl mit Chamäleon nach Vollhard[58]). Je nach dem Mangangehalt werden 1—3 g der Metallfeilspäne mit einem Gemisch von 3 Volumtheilen verdünnter Schwefelsäure von 1,13 spez. Gew. und 1 Volumtheil Salpetersäure von 1,4 spez. Gew. in Lösung gebracht und zur Trockne gedampft. Ist das Roheisen reich an Kohlenstoff, so wird der Rückstand in verdünnter Salzsäure gelöst, filtrirt, das Filtrat mit Schwefelsäure angesäuert und zur Zersetzung der Nitrate und völligen Oxydation der in Lösung befindlichen kohlenstoffhaltenden Substanzen so weit abgedampft, bis sich starke Dämpfe von Schwefelsäure entwickeln; der Rest wird in Wasser gelöst und in einen Halbliterkolben gespült, darin die Lösung mit Soda oder Aetznatron

---

[58]) Annal. d. Chem. Bd. 198 pag. 330. Dingler's Journ. Bd. 235 pag. 387.

neutralisirt, das Eisen mit aufgeschlämmtem Zinkoxyd gefällt und von dem letzteren hierzu soviel verwendet, bis die über dem Niederschlag stehende Flüssigkeit milchig getrübt erscheint, worauf man bis zur Marke auffüllt, absetzen lässt und durch ein trockenes Filter filtrirt. 100 ccm des Filtrats werden mit einem Tropfen Salpetersäure angesäuert, auf etwa 100° C. erwärmt und mit Chamäleon in derselben Weise titrirt, wie in dem Artikel „Mangan" bei Anführung dieser Methode angegeben werden wird.

F. Williams[59]) beschreibt die im Laboratorium der Vulkan-Steelworks (Missouri) angewendete volumetrische Manganbestimmung folgends: 1—2 g (bei Spiegeleisen und Ferromangan auch unter 1 g) des Roheisens oder Stahls werden in 40—50 ccm starker Salpetersäure unter Erwärmen gelöst, wenn nöthig, die Lösung über Asbest abfiltrirt, mit starker Salpetersäure ausgewaschen, die Lösung zum Sieden erhitzt und allmälig und vorsichtig Kaliumchlorat zugefügt, um das Mangan als Superoxyd zu fällen. Man filtrirt das suspendirte Mangansuperoxyd wieder über Asbest ab, wäscht mit Wasser gut aus, spielt den Trichterinhalt sammt Pfropfen in dasselbe Becherglas, worin die Manganfällung geschah, und setzt nun ein genau gemessenes Volum Oxalsäure von bekanntem Gehalt in geringem Ueberschuss, sowie 3—4 ccm verdünnte Schwefelsäure zu, worauf man unter Umrühren auf 70—80° C. erwärmt, bis vollständige Lösung des Superoxyds erfolgt ist. Der Oxalsäureüberschuss wird in der heissen Lösung mit Chamäleon von bekanntem Titer gemessen. Der Versuch erfordert 2 Stunden Zeit.

Bestimmung des Mangans in Eisen und Stahlsorten nach W. Hampe[60]). Diese Methode beruht ebenfalls auf der Ausfällung des Mangans aus salpetersaurer Lösung durch Kaliumchlorat als Peroxyd, doch wird der abfiltrirte und ausgewaschene Niederschlag mit saurem Ferroammoniumsulfat gelöst und der hierzu verwendete Ueberschuss davon mit Chamäleon zurücktitrirt. Bedingung ist, dass die Salpetersäure stark genug sei, die Chlorsäure des Kaliumchlorats frei zu machen, ferner, dass die Fällung in Siedehitze geschehe, und dass das Chlorat wiederholt in kleinen Portionen zu-

---

[59]) Transactions of the Americ. Instit. of Min. Engineers. 1881. Bg. u. Httmsch. Ztg. 1882 pag. 45.

[60]) Bg. u. Httmsch. Ztg. 1885 pag. 328. Chemikerztg. 1883 pag. 1103 u. 1885 pag. 1083. Chem. Ctrlbltt. 1885 pag. 714.

gesetzt werde, damit die Fällung des Mangans eine vollständige sei. Es finden hierbei aufeinander folgend nachstehende Reactionen statt:

$$K\,ClO_3 + H\,NO_3 = K\,NO_3 + H\,ClO_3 \text{ und}$$
$$2\,H\,ClO_3 + Mn\,(NO_3)_2 = 2\,H\,NO_3 + Mn\,O_2 + 2\,ClO_2.$$

Es ist nöthig, dass die Salpetersäure ein spez. Gew. von 1,42 besitze, verdünnte Lösungen müssen demnach vor der Fällung soweit eingedampft werden, bis schwere weisse Dämpfe zu entweichen beginnen; eine vorübergehende Rosafärbung der Lösung von etwa gebildeter Uebermangansäure verschwindet sehr bald und die Fällung ist in 15 Minuten beendet. Sobald bei erneutem Zusatz von Kaliumchlorat keine grünen Dämpfe mehr entweichen, ist genug von diesem Salz zugesetzt worden.

Phosphorsäure ist ohne Einfluss auf die Probenresultate, Schwefelsäure beeinträchtigt die Vollständigkeit der Manganfällung erst dann, wenn sie in erheblicherer Menge anwesend ist und wird durch Zusatz von Baryumnitrat unschädlich gemacht, Salzsäure darf nicht anwesend sein, vorkommenden Falls muss dieselbe vor Zusatz des Chlorats durch Kochen mit überschüssiger concentrirter Salpetersäure entfernt werden. Gegenwart von Kupfer, Zink, Nickel und Zinn ist unschädlich, Kobalt, Blei und Wismuth werden, wenn sie sich in grösserer Menge vorfinden, zu geringem Theil als Sesqui- und Superoxyde mitgefällt und diese letzteren beeinträchtigen demnach die Richtigkeit der Resultate. In einem solchen Falle genügt es jedoch, ·den erhaltenen abfiltrirten und gewaschenen Niederschlag wieder in einer Mischung von Salpetersäure und Oxalsäure zu lösen, und nochmal mit Kaliumchlorat zu fällen.

Die Untersuchung wird folgends ausgeführt: Entsprechend dem Mangangehalt der Eisensorte werden von Spiegeleisen oder Ferromangan 1 g, von Flusseisen oder Stahl 5—10 g abgewogen, und mit 20, bezichentlich 50 oder 100 ccm Salpetersäure von 1,4 spez. Gew. in einem Kolben mit langem Halse von etwa $\frac{1}{2}$ Liter Inhalt in Lösung gebracht; Graphit haltende Roheisensorten löst man in Salpetersäure von 1,2 spez. Gew., filtrirt nach dem Verdünnen und kocht das Filtrat mit der Vorsicht ein, dass die oberen Wandungen des Kolbens nicht zu heiss werden, weil sich die dort absetzenden Nitrate unter Hinterlassung nicht wieder löslicher Oxyde festsetzen. Zeigt das Entweichen dicker, weisser Dämpfe die genügende Concentration der zurückgebliebenen Salpetersäure an, so wird in kleinen

Portionen und kurzen Pausen so lange Kaliumchlorat zugefügt, als noch stark grün gefärbte Dämpfe entstehen, nach dem letzten Zusatz kocht man noch an 10 Minuten, lässt den Kolben dann abkühlen, verdünnt mit Wasser und filtrirt durch ein gut anliegendes Doppelfilter ohne den Niederschlag aufzurühren. Nachdem das Präcipität mit Wasser ausgewaschen wurde, setzt man den Trichter auf den Kolben, durchsticht das Filter und spritzt den Niederschlag mit Wasser möglichst ab, worauf man auf die Ränder des Filters aus einer Bürette saure Ammoniumferrosulfatlösung zufliessen lässt, wobei die am Filter haften gebliebenen Partikelchen von Manganperoxyd sich bald lösen und das Filter weiss wird. Sobald aus der Bürette die nöthige Menge Eisendoppelsalzlösung abgeflossen ist, wird das Filter und der Trichterhals noch gut ausgewaschen, auf das Kölbchen ein kleines Trichterchen gesetzt, und nun bis zur erfolgten Lösung des Manganperoxyds erwärmt (nicht erhitzt).

Zur Titration benutzt man bei manganreichen Proben eine Eisenlösung, von welcher 1 ccm = 0,005 g Mangan. Man erhält eine solche Lösung, wenn 71,4085 g des Eisendoppelsalzes zu ein Liter gelöst werden, wobei man vor der Auffüllung 50 ccm concentrirte Schwefelsäure zusetzt. Die gleichwerthige Chamäleonlösung erhält man durch Lösen von 5,75475 g einmal umkrystallisirten Kaliumpermanganats. Die Titerstellung des Chamäleons hat auf krystallisirte Oxalsäure zu erfolgen, deren Gehalt an chemisch reiner Substanz ein für allemal mittelst sublimirter wasserfreier Oxalsäure (vide pag. 39) festgestellt wurde; 100 ccm des Permanganats von vorher angegebener Concentration oxydiren 0,81916 g wasserfreie = 1,14689 g krystallisirte Oxalsäure. Für manganarme Eisensorten werden Lösungen von $^1/_5$ oder $^1/_{10}$ der oben angegebenen Concentration in Verwendung genommen. Nach erfolgter Auflösung des Manganperoxyds wird der Kolbeninhalt verdünnt, erkalten gelassen, und der Ueberschuss des zur Zersetzung verwendeten Eisendoppelsalzes mit Chamäleon zurückgemessen, denn

$$MnO_2 + 2\,FeSO_4 + 2\,H_2SO_4 = MnSO_4 + Fe_2(SO_4)_3 + 2\,H_2O \text{ und}$$
$$10\,FeSO_4 + 2\,KMnO_4 + 8\,H_2SO_4 = 5\,[Fe_2(SO_4)_3] + 2\,MnSO_4$$
$$+ K_2SO_4 + 8\,H_2O.$$

Manganbestimmung in Eisensorten nach C. Meinecke[61]. Man wägt von Ferromangan und Spiegeleisen 0,5—1,0 g, von man-

---

[61] Chemikerztg. Repert. f. anal. Chem. 1886 No. 19. Stahl und Eisen, 1886 Heft 3 u. 6.

ganärmerem Material (Flusseisen, graues Roheisen) 1—2 g ein und
löst in 15 ccm eines Gemisches von 3 Volum verdünnter Schwefelsäure von 1,13 spez. Gew. und ein Volum Salpetersäure von 1,4 spez.
Gew. in einem mit einem Trichter bedeckten $\frac{1}{4}$ Literkolben bei
Siedehitze auf; nach erfolgter Lösung wird $\frac{1}{2}$ ccm Chromsäurelösung (100 g Chromsäure in 100 ccm Wasser) zugefügt, einige Minuten gekocht und in einen Halbliterkolben überfüllt. Man setzt
nun 25 ccm kaltgesättigte Chlorbariumlösung zu und fällt das Eisen
durch Zusatz fein aufgeschlemmten, in Wasser suspendirten Zink-
oxyds; sollte die Lösung über dem Niederschlag noch gelblich gefärbt sein, muss noch Chlorbarium oder Zinkoxyd zugegeben werden. Die farblose Lösung wird bis zur Marke aufgefüllt, durch
ein trockenes Faltenfilter filtrirt und 250 ccm des durchgelaufenen
in einen Halbliterkolben gebracht, in welchen man eine überschüssige, aber genau gemessene Menge Chamäleon und 20 ccm Zink-
chloridlösung (25 g Zink in 100 ccm) vorgelegt hat, gut umgeschwenkt, zur Marke aufgefüllt, gut gemischt, und wieder durch
ein trockenes Faltenfilter filtrirt. Von dem Filtrat werden 250 ccm
ausgehoben, und darin der Ueberschuss an Chamäleon mit Antimonchlorür zurückgemessen. Das erhaltene Resultat ist geschehener zweimaliger Halbirung der Filtrate wegen mit 4 zu multipliciren.

Der Zusatz von Chromsäure hat den Zweck, das sich bildende
Eisenoxydul sowohl, als auch gelöste organische Verbindungen nach
kurzem Kochen vollständig zu oxydiren, der Ueberschuss von Chromsäure wird durch das Chlorbarium, das gebildete Chromoxyd durch
das Zinkoxyd niedergeschlagen. Eine Oxydation des Antimonchlo-
rürs durch die anwesende Salpetersäure, sowie eine Zersetzung des
Chamäleons bei dem Filtiren durch Papier hat man bei der grossen
Verdünnung der letzteren nicht zu befürchten. Dieses Verfahren
wurde von F. Müller[62]) noch wesentlich gekürzt.

Von dem Permanganat bereitet man sich 2 Lösungen; die Fällungslösung stellt man her durch Auflösen von 3,79 g Chamäleon
in 1 Liter Wasser, 100 ccm derselben entsprechen 0,25 g Mangan
oder 0,849 g Eisen. Zu diesem Zweck wird eine etwas grössere
Menge von dem Chamäleon, als oben angegeben, aufgelöst und der
Titre derselben auf 1 g reines Eisen gestellt. Hat man hierzu z. B.

---

[62]) Stahl und Eisen 1886 Heft 9.

96 ccm gebraucht, so sind für 0,849 g Eisen nöthig 0,849 × 96 = 81,5 ccm. Es sind somit 815 ccm dieser Chamäleonlösung auszuheben, und auf ein Liter zu verdünnen. Die Titrirlösung erzeugt man sich durch Verdünnen der Fällungslösung mit dem gleichen Volumen Wasser, die Titrirlösung ist also halb so stark.

Das Antimonchlorür erhält man durch Auflösen von 6 g Antimonoxyd in 250 ccm Salzsäure und Verdünnen auf 1 Liter.

Die Bestimmung kann binnen einer Stunde ausgeführt werden.

Bestimmung des Mangans nach Belani. In der von C. Reinhardt[63]) empfohlenen Modification wird dieselbe ausgeführt in folgender Weise: Man löst 0,5—1,0 g des Eisens oder Ferromangans in Salpetersäure, spült die Lösung sammt Rückstand in einen Halblitermesskolben und neutralisirt mit aufgeschlemmtem Zinkoxyd, indem man vor jedem Zinkoxydzusatz tüchtig schüttelt, die Kolbenwandungen jedesmal abspritzt und so lange von der Zinkoxydmilch zufügt, bis das Eisenhydroxyd plötzlich gerinnt, wobei ein Zuviel an Zinkoxyd nicht schadet. Der Kolben wird nun bis zur Marke gefüllt, der Inhalt gut durchgeschüttelt und in ein trockenes Becherglas filtrirt; 250 ccm des Filtrats werden in einem Messkolben abgemessen, in einen $^3/_4$ Liter fassenden Erlenmeyer'schen Kolben gebracht, das Messkölbchen nachgespült und zu der Flüssigkeit 20 ccm saures Natriumacetat, 10—25 ccm basisches Ferrrisulfat und 20—35 ccm Bromwasser zugesetzt, wobei ebenfalls ein Plus von Ferrisulfat und Bromwasser nicht schadet.

Die Flüssigkeit wird nun über einem Drahtnetz zum Sieden gebracht und bis zum Verschwinden des Bromgeruchs gekocht, worauf man absetzen lässt und dann durch ein Doppelfilter filtrirt. Man wäscht den Kolben und Filter gut mit heissem Wasser aus, löst dann vorsichtig das Filter sammt Inhalt vom Trichter und bringt es in den Fällungskolben zurück, dessen Ausgussstelle sowie den Trichterrand man mit einem Stückchen Filtrirpapier (etwa $^1/_4$ des Filters) abwischt und ebenfalls in den Kolben bringt. Hierauf werden 50—100 ccm saure Oxalsäurelösung abpipettirt und längs der Kolbenwandung in den Kolben einfliessen gelassen, mit der Spritzflasche nachgespült, auf 250—300 ccm verdünnt und unter häufigem Umschütteln so lange erwärmt, bis die Flüssigkeit rein gelb geworden, also vollständige Reduction des Manganperoxyds einge-

---

[63]) Stahl und Eisen 1886 Heft 2, pag 133.

treten ist, worauf man die überschüssig zugesetzte Oxalsäure mit Chamäleon bis zum Eintritt der Rosafärbung titrirt.

Den Wirkungswerth dee Chamäleons bestimmt man in der Art, dass man 50 ccm der sauren Oxalsäurelösung in einen Halbliterkolben abpipettirt, mit Wasser auf etwa $\frac{1}{4}$ Liter verdünnt, zwei in kleine Stückchen zerrissene Filter zugiebt, auf etwa 60° C. erwärmt und titrirt.

Die saure Oxalsäurelösung bereitet man sich durch Abwägen von 16 g krystallisirter Oxalsäure, Auflösen in $\frac{1}{2}$ Liter Wasser unter Erwärmen, Ueberfüllen in einen grösseren zwei Liter fassenden Kolben, Nachwaschen des Lösegefässes, Auffüllen des Kolbens etwa zur Hälfte mit Wasser und Zufügen von 400 ccm concentrirter Schwefelsäure von 1,8 spez. Gew., worauf man abkühlen lässt und auf 2 Liter auffüllt. Es ist zweckmässig, einen dieses Mass fassenden Kolben mit so weitem Hals sich anfertigen zu lassen, dass durch den Hals bequem eine 50 ccm fassende Pipette hindurchgeht, welche man durch die Bohrung eines Gummistopfens steckt, mit dem man den Kolben verschliesst.

Das Chamäleon hat eine passende Stärke, wenn 6 g krystallisirtes Permanganat pro Liter gelöst sind.

Die Zinkoxydmilch bereitet man durch Aufschlämmen von 1 Volumtheil Zinkoxyd in 2 Volumtheilen Wasser; vor jedesmaligem Gebrauch muss gut aufgeschüttelt werden.

Das durch Schütteln von Brom mit Wasser darzustellende Bromwasser muss an einem dunklen und kühlen Orte aufbewahrt werden.

Die saure Natriumacetatlösung wird hergestellt durch Lösen von 250 g krystallisirten Natriumacetats in 1 Liter Wasser, dem man 25 ccm 50procentige Essigsäure zugesetzt hat.

Das basische Ferrisulfat stellt man am leichtesten dar durch Lösen von Eisenchlorid in Wasser und etwas Salzsäure, Verdünnen dieser Lösung und Neutralisiren mit Sodalösung, und hierauf Fällen mit einer Natriumsulfatlösung, die pro Liter 100 g des Salzes enthält. Das Präcipitat wird in ein hohes und enges Standglas übergossen, dasselbe mit Wasser aufgefüllt, gut umgerührt und völlig absetzen gelassen; die klare, überstehende Flüssigkeit wird abgehebert und der Niederschlag durch mehrmaliges Uebergiessen mit Wasser und Abdecantiren gut ausgewaschen. Der ausgewaschene Niederschlag wird in eine mit Glasstopfen verschliessbare Flasche gespült und in so viel Wasser suspendirt, dass 25 ccm etwa 0,25 g Eisen enthalten, wesshalb der Eisengehalt in 25 ccm durch Titration bestimmt werden muss.

Für an Mangan arme Eisensorten ist aber die Hampe'sche Methode besser anzuwenden.

Colorimetrische Manganbestimmung. Auf den Eisenwerken in Ohio (Nordamerika) ist das folgende Verfahren zur täglichen Prüfung des Mangangehaltes in Flussstahlsorten, deren Mangangehalt innerhalb gewisser Grenzen vorgeschrieben ist, in Uebung [64]: Man wägt von dem zu untersuchenden Metall 0,2 g ab und löst in einem mit Marke versehenen Kolben von 100 ccm Inhalt mit 10—15 ccm Salpetersäure unter Erwärmen auf, lässt abkühlen, füllt ohne zu filtriren mit destillirtem Wasser bis zur Marke auf und mischt gut durch. 10 ccm dieser Lösung (= 0,02 g Eisen) werden in ein Bechergläschen überfüllt, bis zum Sieden erhitzt, dann vom Feuer genommen und ein Ueberschuss von Bleihyperoxyd hinzugefügt. Nach gutem Durchmischen wird noch kurze Zeit erwärmt, abkühlen gelassen und über Asbest in eine in $^1/_{10}$ Cubikcentimeter getheilte Messröhre filtrirt, wie solche für die colorimetrischen Kohlenstoffbestimmungen dienen. In ein zweites gleiches Messrohr bringt man nun eine genau gemessene, 2—4 ccm betragende Menge der Normallösung und verdünnt dieselbe vorsichtig unter jedesmaligem guten Durchmischen so weit mit Wasser, bis beide Lösungen gleiche Farbentöne zeigen. Man hält zu diesem Zweck hinter die beiden neben einander zu haltenden Messröhren ein Blatt weisses Papier.

Aus der Formel:

$$x = \frac{a}{b}\, c \times 0,25,$$

worin a die Anzahl der zur Vergleichung genommenen Cubikcenticentimeter Normallösung, b die Anzahl der Cubikcentimeter, zu welchen a verdünnt werden musste, um gleiche Farbenintensität zu zeigen, und c das zur Vergleichung genommene Volum der Probelösung nach erfolgtem Abfiltriren und Auswaschen bedeuten, ergibt sich der Mangangehalt x des untersuchten Eisens (Flussstahls) in Procenten.

Bei sehr geringem Mangangehalt wägt man statt 0,2 g ein vielfaches davon, also 0,4, 0,6 u. s. w. g, an Probesubstanz ab; nach

---

[64]) Bg. u. Httmsch. Ztg. 1882 pag. 417.

Beendigung des Versuches ist dann x durch 2, beziehentlich 3 u. s. f.
zu dividiren.

Diese Probe eignet sich am besten für Eisensorten, die nicht
viel über 2 % Mangan enthalten, für höhere Mangangehalte sind die
Resultate weniger befriedigend.

Als Normallösung benutzt man zur Vergleichung eine Auflösung von 0,0718 g Kaliumpermanganat in $^1/_2$ Liter Wasser; diese
Menge Salz enthält 0,025 g Mangan, somit jeder Cubikcentimeter
der Normallösung 0,00005 g Mangan.

Nach M. Osmond[65]) lassen sich kleine Mengen Mangan in
Eisensorten colorimetrisch in folgender Weise bestimmen: Man löst
0,25 g in wenig Salzsäure, trocknet auf dem Wasserbade ein, nimmt
den Rückstand in 3—4 ccm Salpetersäure von 1,2 spez. Gew. auf
und setzt auf einmal 30 ccm Zehntelnormallösung von metaphos-
phorsaurem Natron zu, so dass sich das entstandene metaphosphor-
saure Eisen leicht im Ueberschuss des Natronsalzes löst, welche Lösung
bei langsamem Zusatz des Natronsalzes wegen theilweiser Fällung des
Eisens nur schwer erfolgt. Man fügt nun zu der farblosen Lösung 2—3 g
Bleiüberoxyd unter Umschütteln zu, bis die Lösung schwach nach
Chlor riecht, verdünnt auf 50 ccm und filtrirt. Sollte sich ein gelb-
licher Farbenton der Lösung zeigen, so lässt man das Filtrat einige
Stunden stehen, wonach die gelbliche Färbung verschwindet und
eine reine röthlich veilchenblaue Farbe zeigt, wenn die Einwirkung
des Bleisuperoxyds nicht zu lange gedauert hat.

Als Vergleichungsflüssigkeiten dienen Lösungen, welche auf
0,25 g Probesubstanz bezogen von 0,1—2 % Mangan, in metaphos-
phorsaures überführt enthalten. Diese Vergleichungsflüssigkeiten
sind nicht beständig und müssen etwa alle 14 Tage neu hergestellt
werden.

Bestimmung von Arsen in Eisen nach E. Lundin[66]). 6 g des
Probematerials werden in einem Becherglase von mindestens 300 ccm
Inhalt mit 70 ccm Salpetersäure von 1,2 spez. Gew. in Lösung ge-
bracht, diese in eine Porcellanschale gespült und mit 40—45 ccm
Schwefelsäure von 1,83 spez. Gew. unter Umrühren zur Trockne
gedampft. Den Rückstand bringt man in einen Kolben von 300 ccm

---

[65]) Chem. Ctrlbltt. 1885 pag. 234. Bull. soc. chim. de Paris. **43** pag. 66.
Ztschft. f. anal. Chem. 1886 pag. 552. Chem. Ctrlbltt. 1885 pag. 234.

[66]) Jern Contorets Annaler 1884 II. Stahl u. Eisen 1884 Heft 8
pag. 485.

Inhalt und fügt 8—12 g gepulverten Eisenvitriol, sowie 90 ccm Salzsäure von 1,19 spez. Gew. hinzu. In den mit durchbohrtem Pfropfen verschlossenen Kolben setzt man durch die Bohrung ein abgebogenes Glasrohr ein und verbindet dasselbe mittelst eines Kautschuckschlauches mit einer 50 ccm fassenden Pipette, deren Spitze man in ein zum Theil mit destillirtem Wasser gefülltes Becherglas etwa 12 mm unter den Wasserspiegel eintauchen lässt. Der Kolben wird nun durch eine untergestellte Flamme so lange erhitzt, bis die Ausweitung der Pipette warm wird, welche Erwärmung schon nach 20 Minuten eintritt. Das vorgelegte Wasser enthält alles Arsen als Trichlorid; man erhitzt das Glas sammt Inhalt auf 70° und leitet in die so warm gehaltene Flüssigkeit so lange Schwefelwasserstoffgas ein, bis der Niederschlag sich vollständig abgeschieden hat und die überstehende Flüssigkeit vollkommen klar ist. Zur Vertreibung des Schwefelwasserstoffs wird nun ein Strom von Kohlensäure eingeleitet, dann möglichst rasch über ein tarirtes Filter filtrirt, bei 100—110° C. getrocknet und schliesslich gewogen. Das Präcipitat enthält 60,98 % Arsen.

Bestimmung des Chroms in Eisensorten. Nach O. Arnold [67]) werden je nach dem Chromgehalt 1—5 g Bohrspäne in einem tarirten Becherglase abgewogen, 20 ccm starke Salzsäure dazugegeben, bis zur Beendigung der Reaction erhitzt, hierauf das Deckglas und die Innenseiten des Bechergläschens abgespült und die Lösung bis zur Trockne verdunstet. Der Rückstand bleibt bei langsamer Verdunstung als bröckliger Kuchen zurück und kann leicht abgelöst werden. Man bringt denselben möglichst vollständig in eine Porcellanschale, bringt die im Glase haften gebliebenen Theilchen mit Hilfe von etwas verdünnter Salzsäure in einen Platintiegel, verdunstet hierin zur Trockne, bringt die Hauptmasse der Chloride dazu, zerreibt alles und mengt nun mit einem aus gleichen Theilen Soda und Salpeter bestehenden Gemenge zusammen, worauf man schmilzt. Die erkaltete Schmelze wird in 80 ccm siedenden Wassers aufgenommen, zur Zerstörung des Manganats 3—4 Tropfen Alkohol zugefügt und die geklärte Flüssigkeit durch ein doppeltes Filter in ein reines Becherglas abgegossen mit der Vorsicht, den Bodensatz so wenig als möglich aufzurühren. Das Filter wird mit heissem

---

[67]) Chem. News. Bd. 42 pag. 285. Ztschft. f. anal. Chem. Bd. 23 pag. 98.

Wasser und der Rückstand im Glase zweimal mit je 30 ccm solchen Wassers durch Decantation gewaschen, und erst bei dem zweiten Decantiren vorsichtig auf das Filter gebracht, ohne denselben auszusüssen, damit das höchst fein vertheilte Eisenoxyd uicht mit durch das Filter gehe. Das klare Filtrat erhitzt man bis zur Austreibung der salpetrigen Säure mit Salzsäure, fällt sodann bei Siedehitze mit Ammoniak, filtrirt ab, wäscht etwas, löst wieder in heisser, verdünnter Salzsäure und bringt zur Trockne, um die Kieselerde abzuscheiden. Den Rückstand nimmt man in verdünnter Salzsäure auf, filtrirt und fällt das Chromoxyd wieder durch Ammoniak, worauf man abfiltrirt, glüht und wägt.

Bestimmung des Chroms im Stahl nach Schöffel[68]. Im Chromstahl und an Chrom armen Roheisensorten bestimmt man das Chrom folgends: Man digerirt die zerkleinerte Legirung mit Kupferchloridchlorammonium, wodurch der grösste Theil des Eisens fortgelöst wird, und schliesst den alles Chrom enthaltenden Rückstand durch Schmelzen mit Salpeter und Natriumcarbonat auf, digerirt hierauf die bei Gegenwart von Mangan grün gefärbte Schmelze mit Wasser so lange, bis der Rückstand pulverig erscheint, wobei die Mangansäure schon zersetzt wird, und filtrirt. Das Filtrat wird mit Salzsäure neutralisirt, zur Reduction der Chromsäure zu Chromoxyd etwas Alkohol zugesetzt und zur Abscheidung der Kieselerde zur Trockne gedampft, der Rückstand in mit Salzsäure angesäuertem Wasser aufgenommen, filtrirt und im Filtrat das Chrom durch Ammoniak unter Zusatz von etwas Schwefelammonium gefällt.

Bei an Chrom reicheren Eisensorten (mehr als 8 % davon) digerirt man das zerkleinerte Material längere Zeit mit Salzsäure in der Wärme, schmilzt den Rückstand mit Soda und Salpeter, löst die Schmelze in mit Salzsäure angesäuertem Wasser und vereinigt diese Lösung mit der ursprünglich von der Digestion erhaltenen. Man hat so alles Chrom in Lösung, da bei der Behandlung mit Salzsäure auch ein Theil des Chroms in Lösung ging. Die vereinigten Flüssigkeiten werden in einen Kolben gebracht und so weit neutralisirt, dass sie noch deutlich sauer reagiren, dann mit essigsaurem Natron versetzt, wobei kein Niederschlag entstehen darf, hierauf Brom zugegeben und der Kolben verschlossen und öfter umgeschüttelt, nach einigen Stunden aber das Brom weggekocht und

---

[68] Oesterr. Ztschft. f. Bg. u. Httnwsn. 1879 pag. 533.

das Eisen durch Soda vollständig gefällt. Man filtrirt ab, reducirt das Filtrat von chromsaurem Alkali, wie vorher angegeben wurde, und fällt das Chrom durch Ammon und etwas Schwefelammonium. 100 Gewichtstheile Chromoxyd enthalten 68,421 Theile Chrom.

H. Petersen[69]) oxydirt die durch Digestion von 0,5 g des chromhaltenden Eisens mit 35 ccm verdünnter Schwefelsänre erhaltene Lösung nach Verdünnen mit 100—200 ccm Wasser in Siedehitze mit Chamäleon bis zum Eintritt stärkerer Ausscheidung von Mangandioxyd, filtrirt, lässt erkalten, reducirt die Chromsäure durch Zusatz eines gemessenen überschüssigen Volums von Ferroammoniumsulfatlösung und titrirt den Ueberschuss derselben mit Chamäleon.

Bestimmung des Wolframs im Stahl. Nach Schöffel[70]) behandelt man das hinlänglich zerkleinerte Material zuerst mit Kupferchloridchlorammonium, filtrirt, trocknet das Filter, glüht den Inhalt und schmilzt ihn mit Soda und Salpeter, wie bei „Chrom" angegeben wurde. Die Schmelze nimmt man in Wasser auf, filtrirt ab, neutralisirt die wässrige Lösung mit Salpetersäure und fällt mit Hydrargyronitrat. Die nach dem Abfiltriren und Ausglühen gewogene Wolframsäure wird mit Kaliumbisulfat geschmolzen, die Schmelze mit Wasser ausgezogen, die zurückbleibende Kieselerde abfiltrirt und das Gewicht derselben von dem früher erhaltenen Gewicht in Abzug gebracht. 100 Gewichtstheile Wolframsäure enthalten 79,31 Theile Wolfram.

Die quantitative Trennung von Wolfram, Silicium und Eisen ist aber überhaupt schwierig durchzuführen und wird hierfür auch das folgende Verfahren empfohlen[71]). Man übergiesst das mit Wasser bedeckte Metall in einem kühl gestellten Glasgefässe mit dem doppelten Gewicht der Einwage an Brom und setzt dieses nur in kleinen Portionen zu, damit die Einwirkung nicht zu heftig werde, erwärmt, bis alles oxydirt ist, fügt dann Salpetersäure hinzu und dampft zur Trockne. Den trockenen Rückstand befeuchtet man wieder mit Salpetersäure und bringt zur Trockne, und wiederholt diese Operationen mehremal, um alles Silicium und Wolfram vollständig zu oxydiren. Nach Anfnahme des trockenen Rückstands in verdünnter Salpetersäure werden die abfiltrirten unlöslichen Säuren zur Entfernung hartnäckig anhaftender kleiner Mengen von Eisenoxyd mit kohlen-

---

[69]) Oesterr. Ztschft. f. Bg. u. Httnwsn. 1884 pag. 465.

[70]) Oesterr. Ztschft. f. Bg. u. Httnwsn. 1879 pag. 533.

[71]) Jhrbch. d. k. k. Bergakademien. Bd. 32 pag. 41.

saurem Natronkali aufgeschlossen, das alkalische Filtrat mit Salpetersäure übersättigt und wie vorher mehremal nach jedesmaligem Zusatz
von etwas Säure zur Trockne gebracht, endlich beide gewogen. Um
dieselben zu trennen, schmilzt man sie mit dem 5fachen Gewicht
Kaliumbisulfat, lässt erst dann erkalten, wenn in der Schmelze die
Flocken von Wolframsäure vollständig verschwunden sind, und digerirt
die erkaltete Schmelze mit Ammoniumcarbonat, wobei die Wolframsäure in Lösung geht. Nach Abfiltriren der Kieselsäure wird diese
gewogen und aus dem Gewichtsverlust gegen die frühere Wägung
die Wolframsäure bestimmt.

Bestimmung des Stickstoffs in Eisensorten [72]). Obwohl
diese von Ullgreen angegebene Methode einer früheren Zeit an-
gehört und demnach nicht zu den Fortschritten der neueren Zeit
zu zählen ist, so wurde der Vollständigkeit wegen diese Methode
doch hier aufgenommen. Bei dem Auflösen des Eisens in verdünnter
Salzsäure übergeht ein Antheil des Stickstoffs in Ammoniak
und wird zum Theil von der zur Lösung verwendeten Säure aufgenommen, zum Theil entweicht das neu gebildete Ammoniak mit
den anderen sich entwickelnden Gasen; um diesen letzteren Antheil
aufzufangen, werden die Gase durch verdünnte Salzsäure geleitet,
worin das Ammoniak zu Chlorammonium gebunden wird. Ein
anderer Antheil des Stickstoffs aber bleibt bei dem Auflösen
des Eisens in dem ungelösten Rückstande, es muss also der Stickstoffgehalt durch zwei Versuche ermittelt werden.

Bestimmung des Stickstoffs, welcher bei dem Auflösen
des Eisens in Ammoniak übergeht. Man löst das Eisen entweder in einer tubulirten Retorte in verdünnter Salzsäure und leitet
die entweichenden Gase durch eine zum Theil mit verdünnter Salzsäure gefüllte U-förmige Röhre, giesst nach beendigter Lösung den
Inhalt derselben in die Retorte, und destillirt nach Zusatz überschüssigen Kalkhydrats. Oder man zersetzt 2 g des Eisens mit
Kupferchlorid und destillirt nach erfolgter Lösung mit unmittelbar
vorher aus 6 g Marmor durch Brennen desselben dargestellten Aetz-
kalks. Man destillirt etwa die Hälfte der Lösung ab und bestimmt
im Destillat das Ammoniak durch Titriren mit Salzsäure.

Bestimmung des Stickstoffs, welcher nach dem Auflösen des Eisens im ungelösten Rückstande verbleibt.

[72]) Annal. d. Chem. u. Pharm. Bd. 124 pag. 70 u. Bd 125 pag. 40.
Ztschft. f. anal. Chem. Bd. 2 pag. 435.

Man bedient sich hierzu des in Fig. 29 dargestellten Apparates. In eine Verbrennungsröhre A von 30 cm Länge werden bis m etwa 12 g Magnesit oder Natriumbicarbonat eingefüllt, darauf ein Asbestpfropfen geschoben und der in Salzsäure unlösliche Rückstand, den man vorher bei 130° C. getrocknet und mit 4 g Hydrargyrisulfat gemengt hat, dahinter gebracht; man schiebt nun bei n wieder einen Asbestpfropfen ein und füllt eine 5—6 cm starke Schicht grobes Bimssteinpulver bis o darauf, welches man mit schwefelsaurem Quecksilberoxyd und etwas Wasser gemengt und wieder getrocknet hat. Auf diese Lage folgt wieder ein Asbestpfropf und endlich wird die Röhre mit Bimssteinstückchen aufgefüllt, welche man in einer con-

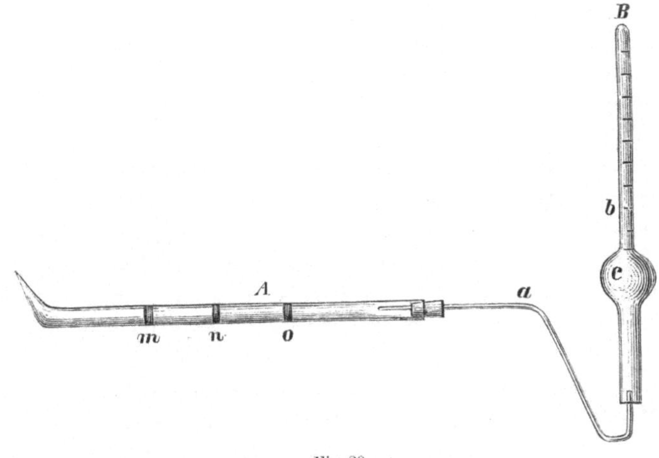

Fig. 29.

centrirten Lösung von Kaliumbichromat kochen und darin erkalten liess. Die abgetropften Stückchen werden noch feucht in die Röhre gebracht und dienen zur Absorption des Schwefeldioxyds, welche sie leicht und rasch bewirken. Die Verbrennungsröhre wird mit einem Stopfen, in welchen das Gasleitungsrohr a eingepasst ist, verschlossen und in einer Quecksilberwanne mit dem mit Quecksilber gefüllten umgestülpten Messrohr B in Verbindung gebracht, wie dies in der Figur angegeben ist. Das Messrohr hat einen Gesammtinhalt von etwa 90 ccm, wovon etwa 20 ccm auf die in Zehntel Cubikcentimeter getheilte Messröhre b, und etwa 40 ccm auf die Kugel c entfallen. In das Messrohr lässt man mittelst einer Pipette, deren Tauchspitze umgebogen ist, so viel aus 1 Theil Kalihydrat und 2 Theilen Wasser bereitete Kalilauge aufsteigen, dass auch die Kugel noch etwa 10 ccm davon enthält, und hierauf 15 ccm einer gesättigten klaren Lösung von Gerbsäure. Die Verbrennungsröhre wird nun in einem Ofen derart erhitzt, dass man zuerst den rückwärtigen Theil des Rohres beheizt, um die Luft daraus zu vertreiben, dann schiebt man das aufwärts gebogene Ende von a unter die Messröhre, erwärmt jetzt den den unlöslichen Rückstand enthaltenden Röhrentheil vorerst gelinde, erhitzt dann den mit dem in schwefelsaurem Quecksilberoxyd getränkten Bimsstein gefüllten Theil n o, und wenn dieser glüht, bringt man auch den die Probesubstanz enthaltenden Theil m n zum starken Glühen, bis die Gasentwickelung aufhört und die Flüssigkeitssäule im Messrohr nicht mehr sinkt. Man erwärmt dann den Rest des Magnesits und sobald die Röhren mit kohlensaurem Gas gefüllt sind, also aller Stickstoff ausgetrieben ist, ändert sich die Flüssigkeitssäule in B nicht mehr.

Man bringt nun die Verbrennungsröhre von dem Messrohr fort, setzt letzteres in eine kleine mit Quecksilber gefüllte Schale und bringt in eine Wasserwanne, worauf man das Schälchen fortnimmt; das Quecksilber und die Lauge fliessen aus, Wasser tritt statt derselben in das Messrohr ein, und wenn man nun das Messrohr so weit aufhebt, dass der Flüssigkeitsspiegel in demselben mit dem äusseren Wasserspiegel in ein Niveau fällt, so kann man nun das Volumen des Stickgases unter atmosphärischem Druck ablesen.

Man ermittelt noch die Temperatur des in der Wanne befindlichen Wassers, notirt den Barometerstand und berechnet nach der folgenden Formel das Volumen des Stickstoffs V¹ für 0° Temperatur und 760 mm Barometerstand,

$$V^1 = \frac{V\,(B - f)\,273}{760\,(273 + t)},$$

in welcher Formel V das abgelesene Volum Stickstoff, B den beobachteten Barometerstand in Millimetern, t die Temperatur des Wassers in Graden Celsius, und f die von der Temperatur des Wassers abhängige Tension des Wasserdampfes in Millimetern bedeuten[73]).

Die Tension des Wasserdampfes beträgt

---

[73]) A. Classen, Quantitat. Analyse in Beispielen. Stuttgart 1875 pag. 211.

bei Grad Celsius Temperatur	Millimeter
10	9,165
11	9,792
12	10,457
13	11,162
14	11,908
15	12,699
16	13,536
17	14,421
18	15,357
19	16,346
20	17,391
21	18,495
22	19,659
23	20,888
24	22,184
25	23,550.

Anhang. Die Anwesenheit von Zink in Eisenerzen wird nach A. Deros[74]) leicht und sicher folgends nachgewiesen: Man giesst die salzsaure Lösung von 1 g Erz unter Umrühren in überschüssiges Ammoniak und unterwirft die Flüssigkeit in einem Platintiegel, der als positiver Pol dient, der Elektrolyse; als negativen Pol verwendet man ein Platinspatel oder einen platt gehämmerten Draht. Bei einem Strom von 300 — 400 ccm Knallgas pro Stunde nimmt man das Spatel nach 3—4 Stunden aus der stets stark ammoniakalisch zu erhaltenden Flüssigkeit heraus, spült mit destillirtem Wasser ab, löst den grauen Ueberzug mit wenigen Tropfen verdünnter Schwefelsäure in einem Platinschälchen, fügt einen Tropfen Kobaltsolution hinzu, dampft ab und prüft den Rückstand. 0,5 mg Zink in 1 g Probesubstanz sind an der charakteristischen grünen Färbung noch deutlich erkennbar.

Will man den Zinkgehalt quantitativ bestimmen, so lässt man den elektrischen Strom zwölf Stunden lang einwirken, wäscht dann das Platinspatel in Wasser und bringt es dann in eine Lösung von Aetznatron oder Aetzkali von 8—10° B. Concentration, worin sich alles Zink löst. Die Lösung wird dann in einem Riche'schen Apparat (siehe Artikel „Kupfer") wieder elektrolysirt, wobei sich das Zink auf dem Conus binnen etwa 8 Stunden als grauer, fest

---

[74]) Compt. rend. 97. pag. 1069. Chemikerztg. 1883 pag. 1609.

anhaftender Niederschlag absetzt. Der vorher tarirte Conus wird mit Wasser, Alkohol und Aether gewaschen, bei 100° getrocknet und gewogen.

Die Gegenwart von Blei in Eisenerzen wird nach demselben Autor in der Lösung von 1 g des Erzes in Salzsäure derart gefunden, dass man in die Lösung 3—4 g Cadmium bringt, welches leichter bleifrei zu erhalten ist, unter mässigem Erwärmen die Beendigung der Reaction abwartet, hierauf die Flüssigkeit vom Niederschlag abdecantirt, zur Entfernung allen Mangans (was wichtig ist, da dieses ebenfalls am positiven Pol als Peroxyd niedergeschlagen werden würde) sorgfältig auswäscht, dann in 5—6 ccm Salpetersäure löst und in dem Apparat von Riche der Elektrolyse unterwirft, wobei man den Kegel als positiven Pol benutzt. Die Fällung des Bleies erfolgt binnen 5 Stunden; der vorher tarirte Conus wird nach dem Auswaschen und Trocknen zur Wage gebracht.

Kupfer.

Zur deutschen Kupferprobe auf trockenem Wege. Auf
der Hütte zu Schemnitz werden die Kupferproben von drei Probirern vorgenommen, und sind die erhaltenen Probenresultate bei
folgenden Differenzen ausgleichbar:

Halt der Erze an Kupfer	Ausgleichbare Differenz der Metallhälte
1—4 %	0,5 %
4—10 -	0,7 -
10—20 -	1,0 -
20—40 -	2,0 -
40—70 -	4,0 -
70 % und mehr	6,0 -

Im Klausenburger Bergdistrict in Siebenbürgen gelten die
folgenden Ausgleichungsbestimmungen[1]):

Halt der Erze an Kupfer	Ausgleichbare Differenz
0— 3,0	0,50 %
3,25— 5,0	0,75 -
5,25— 8,0	1,00 -
8,25—12,0	1,25 -
12,25—20,0	2,00 -
20,25—40,0	3,00 -
40,25—70,0	4,00 -
70,25 bis zum höchsten Halt	6,00 -

Bestimmung des Kupfers durch Elektrolyse. A. Riche[2])
wendet zur Ausfällung des Kupfers den in Fig. 31 dargestellten
Apparat an, dessen Anwendung aus der Zeichnung genau ersichtlich

---

[1]) Handschriftliche Mittheilgn. des Herrn königl. ung. Hauptprobirers
A. Hauch in Zalathna.

[2]) Annal. de chim. et de phys. V ser. Bd. 13 pag. 508. Ztschft. f.
anal. Chem. Bd. 21 pag. 116.

ist. Die Stange, welche den Apparat trägt, ist von Glas; als positiver Pol dient ein Platintiegel gewöhnlicher Grösse, als negativer Pol ein unten und oben offener Platinconus (Fig. 30), der mit einem Bügel versehen ist, sich in seiner Form möglichst der des Tiegels anschliesst und in welchen zwei längliche Oeffnungen eingeschnitten sind, um während der Abscheidung des Kupfers eine gleichmässige Concentration der Lösung zu erhalten. Der Abstand zwischen Conus und Tiegel betrage 2—3 mm.

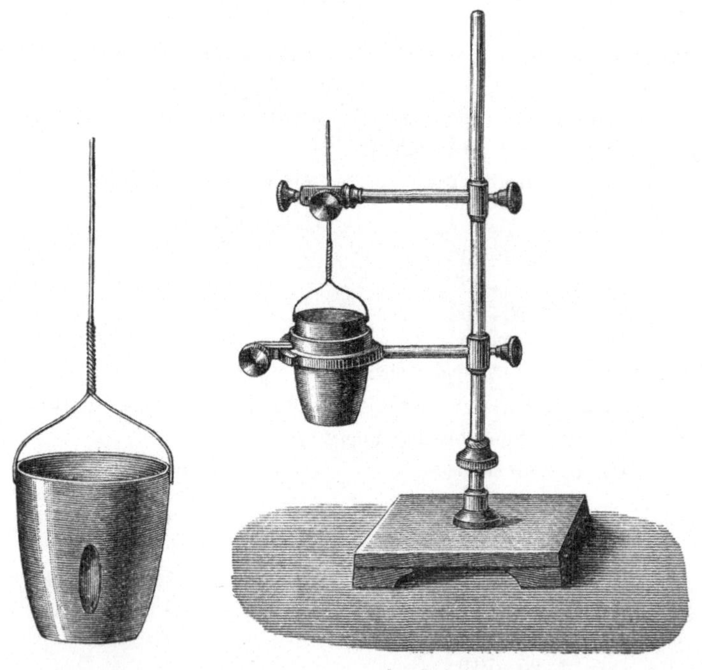

Fig. 30.   Fig. 31.

Die von A. Classen[3]) angegebene und vielfach anwendbare Methode zur elektrolytischen Bestimmung der Metalle beruht auf der Thatsache, dass die Abscheidung des Metalls am besten gelingt, wenn das Oxyd an eine Säure gebunden ist, die durch den Strom leicht zersetzt wird, so dass keine secundäre Rückbildung derselben

---

[3]) Dessen „Quantitat. Analyse auf elektrolytischem Wege". Aachen 1882 und Berlin 1885.

erfolgen kann. Eine solche Säure ist die Oxalsäure, die sich in Kohlensäure und Wasserstoff spaltet; die meisten schweren Metalle geben mit Oxalsäure unlösliche Niederschläge, die Alkalidoppelsalze derselben aber sind löslich, und setzt man Ammoniumoxalat im Ueberschuss zu, so geht die Reaction leicht und ohne Bildung eines Niederschlages vor sich. Die bei der Zersetzung des Ammoniumoxalats am positiven Pol ausgeschiedene Kohlensäure vereinigt sich mit dem Ammon zu Ammoniumcarbonat. Man verfährt im Allgemeinen in der Weise, dass man die neutralen Chloride oder Sulfate der Metalle durch Zufügen eines grossen Ueberschusses von Ammoniumoxalat in oxalsaure Doppelsalze überführt, die Lösung erhitzt und der Einwirkung eines galvanischen Stromes aussetzt, worauf die Metalle rasch und in compacter Form an der negativen Elektrode sich ablagern.

Die Bestimmung des Kupfers kann nun, wie bekannt, sehr leicht direct aus der sauren Lösung erfolgen; nach der Methode von Classen wird die Lösung (wenn nöthig durch Eindampfen concentrirt) zum Kochen erhitzt, 3—4 g festes Ammoniumoxalat zugegeben, und sobald alles gelöst ist, der elektrische Strom einwirken gelassen. Das Kupfer scheidet sich, wenn der Strom nicht zu schwach ist, rasch und leicht ab; es gelingt bei einer Stromstärke, welche 300 ccm Knallgas in der Stunde entspricht, in 25 Minuten 0,15 g metallisches Kupfer abzuscheiden. Classen benutzt als negative Elektrode eine Platinschale und als positive Elektrode eine Scheibe von mässig starkem Platinblech von 4—5 cm Durchmesser (Fig. 32), welche mittelst eines Schraubengewindes

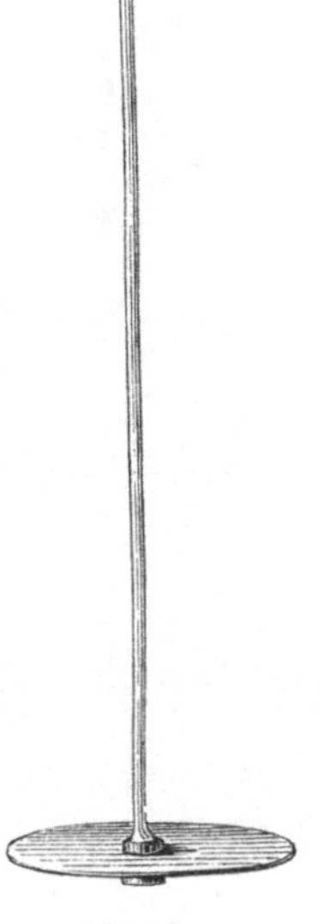

Fig. 32.

an einem ziemlich starken Platindrath befestigt ist. Zur Verhütung von Verlusten ist die Platinschale mit einem in der Mitte durchbohrten Uhrglase bedeckt. Die ganze Anordnung des Apparates zeigt Fig. 33. Das vorn liegende Glasrohr ist der von Classen empfohlene Widerstand zur Reduction zu bedeutender Stromstärken.

Nach Th. Moore[4]) lässt sich Kupfer in leichter und sehr schneller Weise elektrolytisch bestimmen durch Lösen des gefällten

---

[4]) Chem. News 1886. 53 pag 219. Chemikerztg. 1886 pag. 109 (Repert).

Schwefelkupfers in Cyankalium, Zusetzen von viel überschüssigem kohlensaurem Ammon und Erwärmen bis 70⁰ C., auf welche Lösung man den elektrischen Strom einwirken lässt.

Volumetrische Kupferbestimmungen. Um bei der Bestimmung des Kupfers mit Schwefelnatrium die Endreaction leichter zu erkennen, wird von P. Casamajor[5]) empfohlen, das Kupfer aus einer alkalischen, Weinsäure enthaltenden Lösung zu fällen. Man löst 173 g Seignettesalz in Wasser, fügt 480 ccm einer Natronlauge von 1,14 spez. Gew. hinzu, verdünnt das Gemisch zu

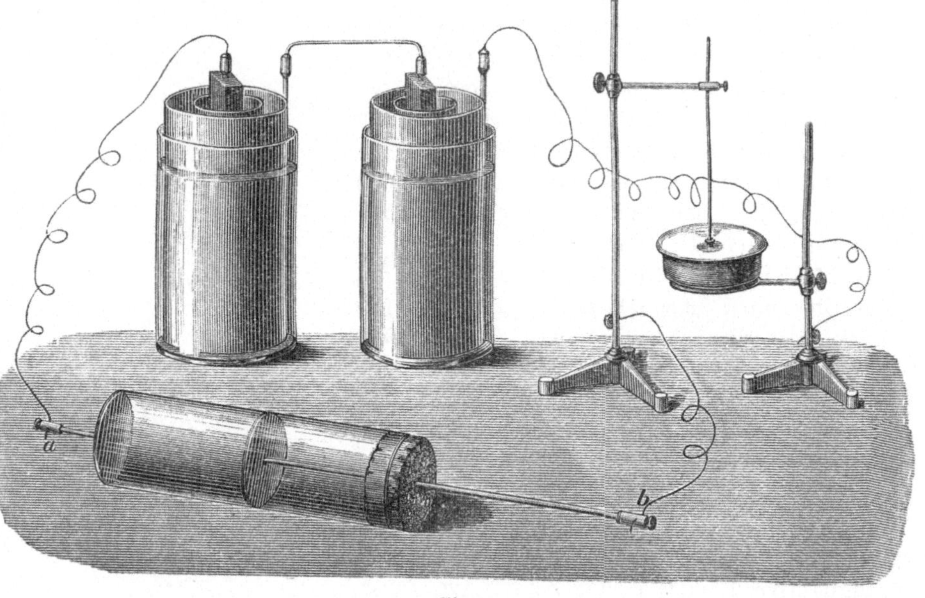

Fig. 33.

1 Liter und versetzt die Probelösung mit dieser Mischung im Ueberschuss; die tiefblaue Flüssigkeit wird dann in einer Porcellanschale zum Sieden erhitzt und hierauf mit Schwefelnatrium titrirt.

Die Bestimmung des Kupfers mit Zinnchlorür hat Weil noch vervollkommnet, indem nach Lösung der Probesubstanz in Salpetersäure oder Königswasser zuerst der grösste Theil der Säure aus der Probeflüssigkeit durch Abdampfen bis fast zur Trockne entfernt, dann der Rest bis auf 250 ccm verdünnt, 10—25 ccm der

---

[5]) Chem. News 1882. **45** pag. 167.

verdünnten Lösung ausgehoben, hierauf unter Zusatz von viel Salzsäure so weit abgedampft werden, bis die Dämpfe mit Jodkaliumkleister getränktes Papier nicht mehr blau färben, worauf man schliesslich mit dem gleichen Volum reiner Salzsäure versetzt und titrirt. Die Farbenreaction ist überaus scharf und jeder mögliche Verlust durch Verspritzen bei dem Abdampfen mit Schwefelsäure wird hierbei vermieden.

Bei dem Titriren einer ammoniakalischen Kupferlösung mit Cyankalium übt nach Peters[6] die Anwesenheit von bis 4,5 % Zink noch keinen schädlichen Einfluss auf das Probenresultat, 5 % Zink jedoch veranlassen in einem quarzigen, nur noch Eisen enthaltenden Kupfererz einen constanten Fehler von 0,22 %, welcher bei höheren Hälten an Zink noch grösser wird. Gegenwart von Arsen und Antimon bis zu einer Menge von 1 % veranlassen einen Fehler von 0,5 %, ist mehr von diesen Metallen anwesend, so wird diese Probe unbrauchbar.

Modificirtes Steinbeck'sches Kupferprobirverfahren[7]. Auf den Kupferhütten des Ducktown-Districts in Tenessee werden 2 g Erz mit Salzsäure bis zum Aufhören jeder Gasentwickelung digerirt, 5 ccm starke Salpetersäure hinzugefügt, mit Schwefelsäure zur Trockne gedampft, der Rückstand in mit Schwefelsäure haltendem Wasser aufgenommen, und in ein Becherglas filtrirt, in welchem metallisches Zink und etwas Wasser vorgelegt ist; man wäscht dann das Ungelöste auf dem Filter mit heissem Wasser, hebt mit einer Pincette das Zink aus dem Kupfer, filtrirt das Kupfer ab und wäscht es mit heissem Wasser, löst es dann in einigen Tropfen Salpetersäure, macht die Lösung ammoniakalisch und titrirt mit Cyankalium. In der vom Kupfer befreiten Lösung wird das Eisen mit Kaliumbichromat titrirt, und der unlöslich gebliebene Rückstand gewogen. Diese drei Bestimmungen genügen als Betriebsproben, um danach die Beschickungen einrichten zu können.

Untersuchung des Kupfers.

Bestimmung von Arsen im Kupfer. Nach Pattinson[8] verfährt man folgends: Man löst das zu untersuchende Kupfer in

---

[6] Eng. and Min. Journ. 1885. Vol. 39. No. 16 u. 17. Bg. u. Httnmsch. Ztg. 1885 pag. 366.

[7] Bg. u. Httnmsch. Ztg. 1886 pag. 454.

[8] Polytechn. Notizbltt. 1882 pag. 237.

Salpetersäure, neutralisirt die Lösung mit Aetznatron und fügt einen geringen Ueberschuss des letzteren hinzu, wodurch der ganze Arsengehalt des Kupfers als Arseniat niederfällt. Der ausgewaschene Niederschlag wird in Salpetersäure gelöst, Ammon im Ueberschuss zugegeben und das Arsen mit Magnesiamischung gefällt.

Bestimmung von Phosphor im Kupfer. Sucht man auch Phosphor in dem Kupfer, so löst man das Magnesiasalz wieder in Salzsäure, schlägt das Arsen durch Schwefelwasserstoff nieder und bestimmt im Filtrat die Phosphorsäure wieder als Ammonmagnesiasalz, dessen Gewicht von dem früher gefundenen in Abzug gebracht als Rest die reine arsensaure Magnesia ergibt.

Nach dem von Reynoso angegebenen Verfahren bestimmt man den Gehalt an Phosphor in Phosphorkupfer in der Weise, dass man zu der abgewogenen Probe desselben mindestens das zehnfache, ebenfalls genau gewogene Gewicht an Zinn zugibt, d. h. eine Menge, welche der durch Oxydation des Phosphors zu Phosphorsäure voraussichtlich reichlich entspricht, und mit concentrirter Salpetersäure im Ueberschuss etwa 3 Stunden hindurch kocht. Das Zinn nimmt bei seiner Oxydation sämmtliche Phosphorsäure auf, und wenn die Zersetzung beendet ist, so wird filtrirt und das Zinnphosphat bei gutem Luftzutritt geglüht, damit nicht etwas durch kohlehaltende Gasarten reducirt werde. Die Asche des Filters ist stets schwarz und muss durch Befeuchten mit Salpetersäure, Erhitzen und Glühen zum vollständigen Veraschen gebracht werden; auch ist es gerathen, das geglühte Zinnphosphat in gleicher Weise zu behandeln. Von dem Gewicht des geglühten phosphorsauren Zinnoxyds wird dann jenes Gewicht Zinnoxyd in Abzug gebracht, das sich aus dem zum Versuch verwendeten Gewicht metallischen Zinns berechnet; der Rest ist die durch die Oxydation des Phosphors entstandene Phosphorsäure, woraus sich der Phosphorgehalt durch Multiplication mit 0,436 ergibt.

Die Methode ist leicht auszuführen, verlangt aber die Anwendung vollkommen reinen Zinns, da kleine Verunreinigungen desselben zu grossen Fehlern Veranlassung geben.

Eine Modification dieses Verfahrens von Reissig findet sich in H. Roses „Handbuch d. analyt. Chem." 6. Aufl. pag. 520.

Silber.

Zur Silberprobe auf trockenem Wege. Cuppellations-
probe. Auf Friedrichshütte bei Tarnowitz werden die von der
Bleiprobe in schmiedeeisernen Tiegeln herrührenden Bleikönige abgetrieben und die verbleibenden Silberkörner bis auf Zehntel Milligramme ausgewogen. Als höchste Differenz zwischen Probe und
Gegenprobe ist hierbei ein Milligramm gestattet[1]).

Tiegelschmelzprobe. Nach A. Görz[2]) erhält man bei Untersuchung von Gekrätzen und sonstigen Abfällen der Silberwaaren-
fabriken oft sehr bedeutend differirende Resultate. Veranlassung
hierzu sind die allzu ungleichartige Beschaffenheit des Probenguts,
das häufig mehrere Procente mechanisch beigemengte Kohle enthält,
und die zur Prüfung eingeschlagene Methode selbst. Das Gold und
Silber ist in diesen Abfällen meist metallisch vorhanden, blos die
Schmelzabgänge führen wechselnde Mengen an Chlorsilber. Nach
Görz wurde gefunden

1. in metallreicheren, an Kohlentheilen ärmeren Proben,
durch die

Ansiedeprobe	Tiegelprobe	
8,296 Silber	8,270	
	8,000	
11,390 -	10,360	
	11,500	
10,555 -	10,490	
10,847 -	10,400	
12,645 -	12,300	
59,775 -	54,920	(ein unreines
9,753 -	9,680	Chlorsilber)
	9,750	
9,366 -	9,190	
10,630 -	9,790	
0,028 Gold	0,024	

---

[1]) Ztschft. f. d. Bg.-, Httn.- u. Salinenwesen im preuss. Staate. Bd. 22
pag. 92.

[2]) Bg. u. Httnmsch. Ztg. 1886 pag. 441.

2. in metallarmen kohlenreicheren Proben durch die

Ansiedeprobe	Tiegelprobe
0,322 Silber	0,315
	⎧ 1,370 Silber
⎧ 1,364 Silber	⎫ 0,021 Gold
⎩ 0,021 Gold	⎬ 1,348 Silber
	⎩ 0,020 Gold
	⎧ 0,400 Silber
⎧ 0,390 Silber	⎫ 0,0207 Gold
⎩ 0,022 Gold	⎬ 0,386 Silber
	⎩ 0,023 Gold
⎧ 0,316 Silber	⎧ 0,276 Silber
⎩ 0,075 Gold	⎩ 0,079 Gold
⎧ 0,338 Silber	⎧ 0,345 Silber
⎩ 0,336 Gold	⎩ 0,340 Gold
⎧ 0,164 Silber	⎫ 0,132 Silber
⎩ 0,063 Gold	⎭ 0,068 Gold

woraus sich ergiebt, dass im allgemeinen bei reicheren, nicht kohlehaltenden Abgängen die Ansiedeprobe, bei kohlehaltigen dagegen
die Tiegelprobe die höheren Resultate gibt, und desshalb sollte jede
an edlen Metallen reiche, nicht kohlehaltige, das Metall chemisch
gebunden enthaltende Substanz durch die Ansiedeprobe, jede stark
mit Kohlen verunreinigte Probesubstanz aber durch die Tiegelprobe
untersucht werden, und werden für letztere Bleitutten als sehr
zweckmässig empfohlen, weil in solchen wegen der Verengerung
oben jedweder Verlust durch Verspritzen möglichst vermieden wird.

Volumetrische Silberproben. Directe Silberbestimmung
im Bleiglanz. Methode des Verfassers[3]). Je nach dem Silbergehalt des Galenits werden 2—3 g desselben in fein gepulvertem
Zustande mit dem 3—4 fachen Gewicht eines aus gleichen Theilen
Soda und Salpeter bestehenden Flusses in einer Porcellanreibschale
innig gemengt, das Gemenge in einen entsprechend grossen Porcellantiegel gebracht, derselbe bedeckt und über einer Lampe bis zum
Schmelzen des Tiegelinhalts erhitzt, nach erfolgtem Schmelzen aber
die Masse mit einem Glasstab gut umgerührt. Man lässt dann erkalten und bringt den Tiegel sammt Glasstab, an welchem ein Theil
der Schmelze haftet, in eine Abdampfschale, übergiesst nach dem
Abkühlen mit Wasser, lässt aufweichen, spült dann die zerfallene

---

[3]) Oesterr. Ztschft. f. Bg. u. Httnwsn. 1879 pag. 325.

Schmelze aus dem Tiegel in die Schale, erwärmt dieselbe über der Lampe und filtrirt die wässerige Lösung ab. Den auf dem Filter gut ausgewaschenen Rückstand spült man wieder in dieselbe Porcellanschale zurück, setzt verdünnte Salpetersäure hinzu und dampft über einem Wasserbade zur Trockne. Den trockenen Rückstand nimmt man in mit Salpetersäure angesäuertem Wasser auf, erwärmt über der Lampe, filtrirt in einen Kolben, wäscht mit heissem Wasser gut nach, lässt das Filtrat abkühlen, setzt Ferrisulfat oder Eisenammoniakalaun hinzu und titrirt mit Rhodanammoniumlösung nach Vollhard's Methode.

Als Titerflüssigkeit benutzt man eine. Zehntellösung. Die zu titrirende Lösung enthält alles Silber; die Anwesenheit geringer Mengen Kupfer ist unschädlich und die Gegenwart von Blei sogar günstig, indem der nach Zusatz des Ferrisalzes entstehende weisse Niederschlag von schwefelsaurem Bleioxyd bei dem Titriren und Umschwenken des Kolbens die Flüssigkeit milchig trübt, wodurch der Eintritt der Endreaction, d. i. die licht-bräunliche Färbung deutlicher erkennbar wird. Eben dieser Bleigehalt verhindert die Anwendung des Gay-Lussac'schen Verfahrens bei dieser Bestimmung, weil auch das Blei als Chlorblei mitgefällt würde; auch ist wegen des häufig nöthig werdenden Schüttelns der Flüssigkeit nach jedesmaligem Zusatz der Kochsalzlösung das Gay-Lussac'sche Verfahren langwieriger als das Vollhard'sche.

Ein blosses Aufschliessen des Galenits mit starker Salpetersäure bis zu völliger Zersetzung und Abfiltriren der vorher verdünnten Lösung von dem Bleisulfat ist für eine vollständige Extraction des Silbers ungenügend.

Die Probe gibt für alle Silberhälte gleich gute Resultate, wenn das Erz rein und nur wenig eisenhaltend ist; ist aber der Eisengehalt bedeutender, so erhält man bei dem Aufnehmen des abgedampften Rückstands in angesäuertem Wasser eine Lösung, welche an sich schon eine bräunliche Farbe besitzt und eine scharfe Erkennung der Endreaction nicht zulässt. Erhitzt man aber den mit Salpetersäure zur Trockne gebrachten Rückstand stärker, um das Eisensalz zu zersetzen, und nimmt dann blos in heissem Wasser auf und erwärmt allenfalls über der Lampe, so erhält man in dem wässerigen Auszug nie alles Silber, weil ein Theil des Silbernitrats bei dieser höheren Temperatur ebenfalls zersetzt und vom Wasser nicht aufgenommen wird.

7*

Die Probe nimmt blos 3—4 Stunden Zeit in Anspruch und eignet sich nicht nur wegen ihrer Genauigkeit, sondern auch dann hauptsächlich zur Vornahme, wenn nur eine oder zwei Proben auszuführen sind, wegen welcher allein einen Muffelofen zu beheizen sich nicht lohnt.

Bestimmung von Silber und Kupfer in einer und derselben Lösung. J. Quessaud[4]) legt seiner Bestimmung beider Metalle in einer Lösung den Umstand zu Grunde, dass bei gleichzeitiger Anwesenheit von Kupfer und Silber durch Ferrocyankalium zuerst blos das Silber gefällt wird, und der rein weisse Niederschlag von Ferrocyansilber erst dann einen blassfleischrothen Farbenton annimmt, wenn auch schon das Kupfer sich zu fällen beginnt, womit zugleich die beendete Fällung des Silbers angezeigt wird. Nach Eintritt dieser Reaction wird das Kupfer gefällt, der Niederschlag wird auch in Folge dessen immer dunkler, und wenn die über dem Präcipitat stehende Flüssigkeit röthlich gefärbt erscheint, ist auch die Fällung des Kupfers beendet. Diese Färbung hat ihren Grund darin, dass eine Spur des Ferrocyankupfers in Ferrocyankalium löslich ist.

Für die Ausführung der Probe ist nothwendig, die Titration in neutraler oder nur schwach saurer Lösung vorzunehmen; als Titerflüssigkeit benutzt man eine einprocentige Lösung von Ferrocyankalium, ferner zur Titerstellung eine Lösung von 1 g reinen Silbers und 0,1 g reinen Kupfers in 3 ccm Salpetersäure zu 400 ccm Wasser verdünnt, und eine Lösung von 1 g Seignettesalz und 25 ccm Natronlauge in 550 ccm Wasser, welche als Bestätigung für die geschehene Ausfällung des Kupfers dient, indem die röthliche Farbe der über dem Niederschlag stehenden Flüssigkeit durch Zusatz dieser Lösung in eine bläulich weisse Farbe überführt wird.

Wiedergewinnung des Silbers aus den Niederschlägen mit Rhodanalkali. Nach v. Jüptner[5]) wird das abdecantirte Rhodansilber in einem (wegen des starken Schäumens) hohen, geräumigen Becherglase mit dem 3—4 fachen Volum Salzsäure gekocht und tropfenweise Salpetersäure zugefügt, bis die anfänglich von Eisenrhodanid roth gefärbte Flüssigkeit grün gefärbt erscheint (von Kupferchlorid).

---

[4]) Chemikerztg. 1884 pag. 1655.

[5]) Chem. Ctrlbltt. 3. F. Bd. 11 pag. 572. Ztschft. f. anal. Chem. Bd. 20 pag. 270.

Kniest[6] empfiehlt das decantirte Rhodansilber mit Salpetersäure zu digeriren und Kochsalz einzutragen; das Eisenrhodanid wird durch die Salpetersäure zerstört, bildet sich aber immer wieder vorübergehend bei dem Eintragen von Kochsalz, so lange noch unzersetztes Rhodansilber vorhanden ist. Schliesslich bleibt die über dem Niederschlage stehende Flüssigkeit grün. (Die grüne Farbe tritt jedoch nur dann auf, wenn das Silber in Flüssigkeiten bestimmt wurde, welche auch Kupfer enthielten — Silbermünzen, Probesilber.)

Schucht[7] reducirt das Silber aus der Rhodanverbindung durch den galvanischen Strom; derselbe bringt das Salz in eine geräumige Platinschale, versetzt darin mit Schwefelsäure und benutzt als Anode ein passendes, engmaschiges Platindrahtnetz. In der Schale bildet sich unter lebhafter Gasentwicklung ein braunschwarzer Niederschlag, welcher durch Reiben Metallglanz annimmt; es entsteht zuerst etwas Schwefelsilber, das durch weitere Einwirkung des Stroms bald reducirt wird. Am negativen Pol wird Blausäure frei, am positiven Pol scheidet sich später eine Modification der Rhodanwasserstoffsäure als hellgelber Beschlag ab, welcher in Salpetersäure unlöslich ist, in Salzsäure aber sich leicht löst.

Nachdem in vielen Laboratorien täglich eine grössere Anzahl und die verschiedensten Legirungen auf Silber zur Untersuchung gelangen, schliesse ich hier die von Gay-Lussac für seine Silberprobe berechneten Tabellen A und B an, welche nach Beendigung der Probe ohne Mühe unmittelbar den gesuchten Feingehalt der Legirung auffinden lassen. Wenn bei der Zugabe von 100 ccm der Normalkochsalzlösung weder hinzugefügte Zehntelkochsalzlösung noch Zehntelsilberlösung Reactionen geben, so ist damit angezeigt, dass das Gewicht des Silbers in der eingewogenen Menge der Legirung gerade 1000 Milligramm betrug, und zugleich ist damit auch ausgesprochen, dass die Normallösung genau richtig sei; für diesen Titer gelten jene Zahlen, welche in den rechtsseitigen mit 0 bezeichneten Colonnen angeführt sind.

---

[6] Chem. Ctrlbltt. 3. F. Bd. 11 pag. 572. Ztschft. f. anal. Chem. Bd. 20 pag. 270.

[7] Ztschft. f. anal. Chem. Bd. 22 pag. 492.

Tabelle A

für Zehntel-Kochsalzlösung.

Zur Probe eingewogene Legur in Milligramm.	Zugesetzte Cubikcentimeter Zehntelnormal-Kochsalzlösung.										
	0	1	2	3	4	5	6	7	8	9	10
	entsprechen einem Silberfeingehalt von										
1000	1000·0	—	—	—	—	—	—	—	—	—	—
1003	997·0	998·0	999·0	1000·0	—	—	—	—	—	—	—
1005	995·0	996·0	997·0	998·0	999·0	1000·0	—	—	—	—	—
1007	993·0	994·0	995·0	996·0	997·0	998·0	999·0	1000·0	—	—	—
1009	991·0	992·0	993·0	994·0	995·0	996·0	997·0	998·0	999·0	1000·0	—
1010	990·1	991·1	992·1	993·1	994·1	995·0	996·0	997·0	998·0	999·0	1000·0
1011	989·1	990·1	991·1	992·1	993·1	994·1	995·1	996·0	997·0	998·0	999·0
1015	985·2	986·2	987·2	988·2	989·2	990·1	991·1	992·1	993·1	994·1	995·1
1020	980·4	981·4	982·4	983·3	984·3	985·3	986·3	987·2	988·2	989·2	990·2
1025	975·6	976·6	977·6	978·5	979·5	980·5	981·5	982·4	983·4	984·4	985·4
1030	970·9	971·8	972·8	973·8	974·8	975·7	976·7	977·7	978·6	979·6	980·6
1035	966·2	967·1	968·1	969·1	970·0	971·0	972·0	972·9	973·9	974·9	975·8
1040	961·5	962·5	963·5	964·4	965·4	966·3	967·3	968·3	969·2	970·2	971·1
1045	956·9	957·9	958·8	959·8	960·8	961·7	962·7	963·6	964·6	965·5	966·5
1050	952·4	953·3	954·3	955·2	956·2	957·1	958·1	959·0	960·0	960·9	961·9
1055	947·9	948·8	949·8	950·7	951·7	952·6	953·5	954·5	955·4	956·4	957·3
1060	943·4	944·3	945·3	946·2	947·2	948·1	949·1	950·0	950·9	951·9	952·8
1065	939·0	939·9	940·8	941·8	942·7	943·7	944·6	945·5	946·5	947·4	948·4
1070	934·6	935·5	936·4	937·4	938·3	939·3	940·2	941·1	942·1	943·0	943·9
1075	930·2	931·2	932·1	933·0	933·9	934·9	935·8	936·7	937·7	938·6	939·5
1080	925·9	926·8	927·8	928·7	929·6	930·6	931·5	932·4	933·3	934·3	935·2
1085	921·7	922·6	923·5	924·4	925·3	926·3	927·2	928·1	929·0	930·0	930·9
1090	917·4	918·3	919·3	920·2	921·1	922·0	922·9	923·8	924·8	925·7	926·6
1095	913·2	914·2	915·1	916·0	917·0	917·8	918·7	919·6	920·5	921·5	922·4
1100	909·1	910·0	910·9	911·8	912·7	913·6	914·5	915·4	916·4	917·3	918·2
1105	905·0	905·9	906·8	907·7	908·6	909·5	910·4	911·3	912·2	913·1	914·0
1110	900·9	901·8	902·7	903·6	904·5	905·4	906·3	907·2	908·1	909·0	909·9
1115	896·9	897·8	898·6	899·5	900·4	901·3	902·2	903·1	904·0	904·9	905·8

Tabelle A.

Zur Probe eingewogene Legur in Milligramm.	Zugesetzte Cubikcentimeter Zehntelnormal-Kochsalzlösung.										
	0	1	2	3	4	5	6	7	8	9	10
	entsprechen einem Silberfeingehalt von										
1120	892·9	893·7	894·6	895·5	896·4	897·3	898·2	899·1	900·0	900·9	901·8
1125	888·9	889·8	890·7	891·6	892·4	893·3	894·2	895·1	896·0	896·9	897·8
1130	885·0	885·8	886·7	887·6	888·5	889·4	890·3	891·2	892·0	892·9	893·8
1135	881·1	881·9	882·8	883·7	884·6	885·5	886·3	887·2	888·1	889·0	889·9
1140	877·2	878·1	878·9	879·8	880·7	881·6	882·5	883·3	884·2	885·1	886·0
1145	873·4	874·2	875·1	876·0	876·9	877·7	878·6	879·5	880·3	881·2	882·1
1150	869·6	870·4	871·3	872·2	873·0	873·9	874·8	875·7	876·5	877·4	878·3
1155	865·8	866·7	867·5	868·4	869·3	870·1	871·0	871·9	872·7	873·6	874·5
1160	862·1	862·9	863·8	864·7	865·5	866·4	867·2	868·1	869·0	869·8	870·7
1165	858·4	859·2	860·1	860·9	861·8	862·7	863·5	864·4	865·2	866·1	866·9
1170	854·7	855·6	856·4	857·3	858·1	859·0	859·8	860·7	861·5	862·4	863·2
1175	851·1	851·9	852·8	853·6	854·5	855·3	856·2	857·0	857·9	858·7	859·6
1180	847·5	848·3	849·2	850·0	850·8	851·7	852·5	853·4	854·2	855·1	855·9
1185	843·9	844·7	845·6	846·4	847·3	848·1	848·9	849·8	850·6	851·5	852·3
1190	840·3	841·2	842·0	842·9	843·7	844·5	845·4	846·2	847·1	847·9	848·7
1195	836·8	837·7	338·5	839·3	840·2	841·0	841·8	842·7	843·5	844·3	845·2
1200	833·3	834·2	835·0	835·8	836·7	837·5	838·3	839·2	840·0	840·8	841·7
1205	829·9	830·7	831·5	832·4	833·2	834·0	834·8	835·7	836·5	837·3	838·2
1210	826·4	827·3	828·1	828·9	829·7	830·6	831·4	832·2	833·1	833·9	834·7
1215	823·0	823·9	824·7	825·5	826·3	827·2	828·0	828·8	829·6	830·4	831·3
1220	819·7	820·5	821·3	822·1	822·9	823·8	824·6	825·4	826·2	827·0	827·9
1225	816·3	817·1	818·0	818·8	819·6	820·4	821·2	822·0	822·9	823·7	824·5
1230	813·0	813·8	814·6	815·4	816·3	817·1	817·9	818·7	819·5	820·3	821·1
1235	809·7	810·5	311·3	812·1	813·0	813·8	814·6	815·4	816·2	817·0	817·8
1240	806·5	807·3	808·1	808·9	809·7	810·5	811·3	812·1	812·9	813·7	814·5
1245	803·2	804·0	804·8	805·6	806·4	807·2	808·0	808·8	809·6	810·4	811·2
1250	800·0	809·8	801·6	802·4	803·2	804·0	804·8	805·6	806·4	807·2	808·0
1255	796·8	797·6	798·4	799·2	800·0	800·8	801·6	802·4	803·2	804·0	804·8

Tabelle B

für Zehntel-Silberlösung.

Zur Probe eingewogene Legur in Milligramm.	Zugesetzte Cubikcentimeter Zehntelnormal-Silberlösung.										
	0	1	2	3	4	5	6	7	8	9	10
	entsprechen einem Silberfeingehalt von										
1000	1000·0	999·0	998·0	997·0	996·0	995·0	994·0	993·0	992·0	991·0	990·0
1003	997·0	996·0	995·0	994·0	993·0	992·0	991·0	990·0	989·0	988·0	987·0
1005	995·0	994·0	993·0	992·0	991·0	990·0	989·0	988·1	987·1	986·1	985·1
1007	993·0	992·0	991·1	990·1	989·1	988·1	987·1	986·1	985·1	984·1	983·1
1009	991·0	990·0	989·0	988·0	987·0	986·0	985·0	984·0	983·0	982·0	981·0
1010	990·1	989·1	988·1	987·1	986·1	985·1	984·2	983·2	982·2	981·2	980·2
1011	989·1	988·1	987·1	986·2	985·2	984·2	983·2	982·2	981·2	980·2	979·2
1015	985·2	984·2	983·2	982·3	981·3	980·3	979·3	978·3	977·3	976·4	975·4
1020	980·4	979·4	978·4	977·4	976·5	975·5	974·5	973·5	972·5	971·6	970·6
1025	975·6	974·6	973·7	972·7	971·7	970·7	969·8	968·8	967·8	966·8	965·8
1030	970·9	969·9	968·9	968·0	967·0	966·0	965·0	964·1	963·1	962·1	961·2
1035	966·2	965·2	964·2	963·3	962·3	961·3	960·4	959·4	958·4	957·5	956·5
1040	961·5	960·6	959·6	958·6	957·7	956·7	955·8	954·8	953·8	952·9	851·9
1045	956·9	956·0	955·0	954·1	953·1	952·1	951·2	950·2	949·3	948·3	947·4
1050	952·4	951·4	950·5	949·5	948·6	947·6	946·7	945·7	944·8	943·8	942·9
1055	947·9	946·9	946·0	945·0	944·1	943·1	942·2	941·2	940·3	939·3	938·4
1060	943·4	942·4	941·5	940·6	939·6	938·7	937·7	936·8	935·8	934·9	934·0
1065	939·0	938·0	937·1	936·1	935·2	934·3	933·3	932·4	931·4	930·5	929·6
1070	934·6	933·6	932·7	931·8	930·8	929·9	929·0	928·0	927·1	926·2	925·2
1075	930·2	929·3	928·4	927·4	926·5	925·6	924·7	973·7	922·8	921·9	920·9
1080	925·9	925·0	924·1	923·1	922·2	921·3	920·4	919·4	918·5	917·6	916·7
1085	921·7	920·7	919·8	918·9	918·0	917·0	916·1	915·2	914·3	913·4	912·4
1090	917·4	916·5	915·6	914·7	913·8	912·8	911·9	911·0	910·1	909·2	908·3
1095	913·2	912·3	911·4	910·5	909·6	908·7	907·8	906·8	905·9	905·0	904·1
1100	909·1	908·2	907·3	906·4	905·4	904·5	903·6	902·7	901·8	900·9	900·0
1105	905·0	904·1	903·2	902·3	901·4	900·4	899·5	898·6	897·7	896·8	895·9
1110	900·9	900·0	899·1	898·2	897·3	896·4	895·5	894·6	893·7	892·8	891·9
1115	896·9	896·0	895·1	894·2	893·3	892·4	891·5	890·6	889·7	888·8	887·9

Tabelle B.

Zur Probe eingewogene Legur in Milligramm.	Zugesetzte Cubikcentimeter Zehntelnormal-Silberlösung.										
	0	1	2	3	4	5	6	7	8	9	10
	entsprechen einem Silberfeingehalt von										
1120	892·9	892·0	891·1	890·2	889·3	888·4	887·5	886·6	885·7	884·8	885·9
1125	888·9	888·0	887·1	886·2	885·3	884·4	883·6	882·7	881·8	880·9	880·0
1130	885·0	884·1	883·2	882·3	881·4	880·5	879·6	878·8	877·9	877·0	876·1
1135	881·1	880·2	879·3	878·4	877·5	876·7	875·8	874·9	874·0	873·1	872·3
1140	877·2	876·3	875·4	874·6	873·7	872·8	871·9	871·0	870·2	869·3	868·4
1145	873·4	872·5	871·6	870·7	869·9	869·0	868·1	867·2	866·4	865·5	864·6
1150	869·6	868·7	867·8	867·0	866·1	865·2	864·3	863·5	862·6	861·7	860·9
1155	865·8	864·9	864·1	863·2	862·3	861·5	860·6	859·7	858·9	858·0	857·1
1160	862·1	861·2	860·3	859·5	858·6	857·8	856·9	856·0	855·2	854·3	853·4
1165	858·4	857·5	856·6	855·8	854·9	854·1	853·2	852·4	851·5	850·6	849·8
1170	854·7	853·8	853·0	852·1	851·3	850·4	849·6	848·7	847·9	847·0	846·1
1175	851·1	850·2	849·4	848·5	847·7	846·8	846·0	845·1	844·3	843·4	842·5
1180	847·5	846·6	845·8	844·9	844·1	843·2	842·4	841·5	840·7	839·8	839·0
1185	843·9	843·0	842·2	841·3	840·5	839·7	838·8	838·0	837·1	836·3	835·4
1190	840·3	839·5	838·7	837·8	837·0	836·1	835·3	834·5	833·6	832·8	831·9
1195	836·8	836·0	835·1	834·3	833·5	832·6	831·8	831·0	830·1	829·3	828·4
1200	833·3	832·5	831·7	830·8	830·0	829·2	828·3	827·5	826·7	825·8	825·0
1205	829·9	829·0	828·2	827·4	826·6	825·7	824·9	824·1	823·2	822·4	821·6
1210	826·4	825·6	824·8	824·0	823·1	822·3	821·5	820·7	819·8	819·0	818·2
1215	823·0	822·2	821·4	820·6	819·7	818·9	818·1	817·3	816·5	815·6	814·8
1220	819·7	818·8	818·0	817·2	816·4	815·6	814·7	813·9	813·1	812·3	811·5
1225	816·3	815·5	814·7	813·9	813·1	812·2	811·4	810·6	809·8	809·0	808·2
1230	813·0	812·2	811·4	810·6	809·8	808·9	808·1	807·3	806·5	805·7	804·9
1235	809·7	808·9	808·1	807·3	806·5	805·7	804·9	804·0	803·2	802·4	801·6
1240	806·5	805·6	804·8	804·0	803·2	802·4	801·6	800·8	800·0	799·2	798·4
1245	803·2	802·4	801·6	800·8	800·0	799·2	798·4	797·6	796·8	796·0	795·2
1250	800·0	799·2	798·4	797·6	796·8	796·0	795·2	794·4	793·6	792·8	792·0
1255	796·8	796·0	795·2	794·4	793·6	792·8	792·0	791·2	791·4	789·6	788·8

Elektrolytische Bestimmung des Silbers. Schon 1865 wurde von Luckow[8]) eine Methode der quantitativen Silberbestimmung auf elektrolytischem Wege angegeben. Nach späteren Mittheilungen von demselben[9]) erfolgt die Silberfällung vollständig, wenn man durch die höchstens 8—10% freie Salpetersäure haltende Lösung den galvanischen Strom leitet, und zwar wird das Silber in sehr voluminöser, schwammartiger Form niedergeschlagen; gleichzeitig bildet sich am positiven Pol etwas Hyperoxyd, dessen Bildung durch Zusatz von Glycerin, Milchzucker oder Weinsäure verhindert werden kann. Diese Ausfällung des Silbers in schwammförmiger, flockiger Form ist aber unbequem, da es leicht von der Elektrode abfällt und nicht gut gewogen werden kann, und namentlich aus verhältnissmässig concentrirten Lösungen erhält man stets diesen Metallschwamm.

Nach H. Fresenius und F. Bergmann[10]) lässt sich aber das Silber in compacter, zur Wägung geeigneter, schön metallischer Form aus salpetersaurer Lösung niederschlagen, wenn die Lösung verdünnt und der galvanische Strom ein schwacher ist. Es wird vorgeschrieben, dass in 200 ccm der zu elektrolysirenden Flüssigkeit blos 0,03—0,04 g metallisches Silber und nicht mehr als 3—6 g freie Salpetersäure enthalten seien, dass die Elektroden blos 1 cm weit von einander abstehen und die Stromstärke einer Entwickelung von 100—150 ccm Knallgas in der Stunde entspreche.

Nach Kiliani[11]) fällt aus neutralen oder schwach sauren Lösungen neben metallischem Silber an der Kathode auch Silbersuperoxyd an der Anode, aber um so weniger von Letzterem, je saurer und silberärmer die Flüssigkeit ist. Dieses Superoxyd verschwindet zwar immer wieder, jedoch sehr langsam. Zur Verhinderung dieser Bildung setzt Kiliani der zu elektrolysirenden Lösung Bleinitrat zu, und zwar mehr davon, als die dem Silber äquivalente Menge beträgt; dann scheidet sich an der Anode blos Bleisuperoxyd aus, welches auf die Metallabscheidung an der Kathode ohne Einfluss ist.

Schucht[12]) theilt mit, dass aus allen Lösungen mit Ausnahme der salpetersauren und solcher, welche viel freie Salpetersäure oder viel Nitrate enthalten, blos metallisches Silber niedergeschlagen wird,

---

[8]) Dingler's Journ. Bd. 178 pag. 43.

[9]) Ztschft. f. anal. Chem. Bd. 19 pag. 15.

[10]) Ztschft. f. anal. Chem. Bd. 19 pag. 324.

[11]) Bg. u. Httnmsch. Ztg. 1883 pag. 401.

[12]) Ztschft. f. anal. Chem. Bd. 22 pag. 491.

und die grösste Menge Silberperoxyd fällt aus concentrirten, stark sauren Silberlösungen bei Anwendung eines starken Stroms.

Nach Classen versetzt man eine neutrale Silberlösung mit Ammoniumoxalat im Ueberschuss, löst den weissen auf dem Filter gut ausgewaschenen Niederschlag vom Filter mit einer Mischung von Ammoniak und Cyankalium fort, und elektrolysirt diese Lösung. Da der Strom blos 80—100 ccm Knallgas in der Stunde entwickeln soll, so genügt zur Fällung ein Bunsen'sches Element.

Hat man Silber von Kupfer zu trennen, so kann das Kupfer sofort in der vom Silberniederschlag abfiltrirten Lösung bestimmt werden. Zur Analyse dieser Legirung wird etwa 0,1 g abgewogen, in Salpetersäure gelöst, die freie Säure im Wasserbad gänzlich verdampft, der Rückstand in Wasser gelöst, und soviel Ammoniumoxalat hinzugefügt, bis der Niederschlag rein weiss erscheint, mit welchem man dann in oben angegebener Weise verfährt.

Aufsuchung von Spuren von Silber in Bleierzen. Nach Angabe J. Krutwig's[13]) werden 20—25 g Bleiglanz mit einem Gemenge von Weinstein, Soda und Borax in einem eisernen Tiegel geschmolzen, das reducirte Blei in chlorfreier Salpetersäure gelöst, die Lösung verdünnt und allenfalls entstandenes Bleisulfat abfiltrirt. Zu dem Filtrat setzt man Natronlauge in grossem Ueberschuss hinzu, wodurch Eisen, Blei und bleisaures Silber gefällt wird; der Niederschlag wird durch Decantation von der Flüssigkeit getrennt, ausgewaschen unter Zusatz von Ammoniak zur Trockne gebracht und in Salpetersäure aufgenommen. Diese Lösung wird nun zur Entfernung des Bleies mit Schwefelsäure versetzt, und im Filtrat mit Salzsäure das Silber gesucht, oder man fällt die Lösung direct mit Natronlauge, worauf bei Anwesenheit von Silber ein intensiv gelber Niederschlag von bleisaurem Silber entsteht.

Untersuchung des Silbers.

Bestimmung von Selen im Silber. Das Selen ist blos im Scheidesilber, nie in dem Brandsilber enthalten; es rührt her von der zur Scheidung verwendeten Schwefelsäure, welche meistens aus Kiesen erzeugt wird, die gewöhnlich selenhaltig sind. Bei dem Fällen des Silbers aus der schwefelsauren Lösung durch Kupfer wird nun der ganze Selengehalt mitgefällt; das Selen macht aber

---

13) Chemikerztg. 1882 pag. 1206. Montanztg. 1882 pag. 2.

schon bei einem Gehalte von unter ein Tausendtel das Silber brüchig und blasig, die Oberfläche der Gusszaine ist mit grauen Flecken von Selensilber bedeckt, welche sich durch Politur schwer entfernen lassen, durch die ganze Masse vertheilt sind, und bei der Vergoldung wieder erscheinen. Bei dem Zusammenschmelzen solchen Silbers mit Kupfer zeigt sich, selbst wenn man unter einer Kohlendecke schmilzt, ein lebhaftes Aufkochen, und Theilchen der Legur werden herausgeschleudert, was seinen Grund in der Entstehung von seleniger Säure hat, welche durch die Einwirkung des Sauerstoffs des Oxydulgehaltes in dem verwendeten Kupfer auf das Selen gebildet wird und gasförmig entweicht.

Nach Debray verfährt man zur Nachweisung des Selens in folgender Art: 100 g des Silbers werden in Salpetersäure von 34° B. (1,3 spez. Gew.) in der Wärme gelöst, die Silberlösung von einem allfälligen Goldgehalt abdecantirt, das Silber mit Salzsäure gefällt, das Chlorsilber abfiltrirt und das Filtrat im Wasserbade zur Trockne gebracht. Man kocht nun mit einigen Tropfen Salzsäure, um die Selensäure in selenige Säure zu verwandeln, und leitet schweflige Säure ein oder setzt bei Säureüberschuss schwefligsaures Natron hinzu, wodurch die selenige Säure reducirt wird; man kocht eine Stunde lang, bis der anfänglich rothe Niederschlag von Selen schwarz wird, worauf man auf einem gewogenen Filter sammelt, bei einer 100° C. nicht erreichenden Temperatur trocknet, und wägt. Das Filtrat von dieser Selenfällung wird eingedampft und nochmal in derselben Weise behandelt, um sich von der vollständigen Fällung des Selens zu überzeugen.

Selenhaltiges Silber kann durch Umschmelzen mit Salpeter leicht von seinem Selengehalt befreit werden.

Gold.

Zur combinirten Goldprobe auf trockenem und nassem Wege. Zu Schemnitz sind die ausgleichbaren Differenzen im güldischen Silber folgend normirt:

Halt an güldisch Silber	Ausgleichbare Differenz
0,005	0,001
0,010	0,002
0,030	0,003
0,050	0,005
0,100	0,010
0,200	0,015
0,400	0,023
0,600	0,030
0,800	0,040
1,000	0,050
1,500 und mehr	0,060

Die Probeunterschiede in den Bestimmungen des Goldes im güldischen Silber dürfen die folgenden Toleranzen nicht übersteigen:

Gehalt an Goldsilber von	Goldgehalt im güldischen Silber bis 0,050	über 0,050
0,005	0,002	0,001
0,010	0,004	0,002
0,020	0,008	0,004
0,030	0,010	0,006
0,050	0,015	0,008
0,100	0,020	0,010
0,500	0,030	0,015
1,000	0,040	0,020

Im Klausenburger Bergdistrict in Siebenbürgen gelten die folgenden Ausgleichsbestimmungen[1]:

---

[1] Handschriftliche Mittheilung des königl. ung. Hauptprobirers A. Hauch in Zalathna.

Für Gold.

A. Bei einem Gehalt des Erzgefälles bis zu 70 g an güldisch Silber im metrischen Centner Erz:

Goldgehalt in 1 Kilo güldisch Silber		Ausgleichbare Differenz
0	4,5 g	1,500 g
4,501	9,0 -	3,000 -
9,001	18,0 -	7,000 -
18,001	27,0 -	9,000 -
27,001	45,0 -	13,500 -
45,001	90,0 -	18,000 -
90,001	450,0 -	27,000 -
450,001	zum höchsten Halt	36,000 -

B. Bei einem Gehalt des Erzgefälles über 70 g güldisch Silber im metrischen Centner Erz:

Goldgehalt in 1 Kilo güldisch Silber		Ausgleichbare Differenz
0	4,5 g	1,000 g
4,501	9,0 -	1,500 -
9,001	18,0 -	3,000 -
18,001	27,0 -	5,000 -
27,001	45,0 -	7,000 -
45,001	90,0 -	9,000 -
90,001	450,0 -	13,500 -
450,001	zum höchsten Halt	18,000 -

Für güldisch Silber.

Halt an güldisch Silber in einem Metercentner Erz		Ausgleichbare Differenz
0	35,0 g	4,0 g
35,001	62,0 -	5,0 -
62,001	89,0 -	9,0 -
89,001	125,0 -	18,0 -
125,001	214,0 -	27,0 -
214,001	357,0 -	36,0 -
357,001	zum höchsten Halt	63,0 -

Nach van Riemsdijk[2]) zeigt reines Gold nach dem Abtreiben, wenn man dasselbe bei einer den Schmelzpunkt des Goldes übersteigenden Temperatur abtreibt und in noch flüssigem Zustand aus

---

[2]) Archiv. Neerlandaises. tom. XV. pag. 185. Bg. u. Httmsch. Ztg. 1880 pag. 247.

der Muffel nimmt, die Erscheinung des Blickens sehr deutlich, indem das heftig glühende Gold fast unter Rothgluth erkaltet, ohne seinen Zustand zu ändern und erst nach 30—40 Secunden verbreitet der Regulus plötzlich ein lebhaftes Licht von hellgrüner Farbe (der Blick), welches nachlässt und verschwindet, wenn der König wieder erkaltet und endlich erstarrt. Um gute Resultate zu erhalten, soll unter folgenden Bedingungen gearbeitet werden:

1. Das Abtreiben muss bei mindestens Silberschmelzhitze erfolgen.

2. Das Gold muss bei dem Herausnehmen aus der Muffel noch flüssig sein.

3. Dasselbe muss eine glatte und ruhige Oberfläche zeigen und darf durch keine innere oder äussere Bewegung in seiner Ruhe gestört werden, weshalb bei dem Herausnehmen der Capelle aus der Muffel jeder Stoss oder heftige Bewegung zu vermeiden ist.

4. Das Erkalten des Königs muss gleichförmig stattfinden.

Ein Kupfergehalt des abzutreibenden Goldes begünstigt das Blicken, indem er das Ueberhitzen des Goldes befördert, aus welchem Umstand sich die Blickerscheinung erklärt. Silber schadet der Blickerscheinung, sobald das Gold 375 Tausendtheile oder mehr Silber enthält, wahrscheinlich in Folge der Aufnahme von Sauerstoff durch das Silber, den es wieder vor dem Erstarren abgibt, wodurch die innere Ruhe des Korns gestört wird, und solches Gold ist nicht so vollkommen dehnbar. Durch Zusatz einer bestimmten Menge Kupfer zu der Goldsilberlegur kann aber der Blick wieder hervorgerufen werden und blickt eine Legur, welche aus 250 mg Gold, 25 mg Kupfer und 625 mg Silber besteht, nach dem Abtreiben mit $3—3\frac{1}{2}$ g Blei sehr deutlich.

Nach demselben zeigt Osmium, Ruthenium, Rhodium und Iridium haltendes Gold, auch wenn es bei hohem Hitzegrad cupellirt wird, nie den Blick, und ist die Erscheinung desselben eine werthvolle Controle für die Reinheit eines Goldes und das Nichteintreten des Blicks ist immer ein Beweis im Vorhinein, dass nach erfolgter Abwage solchen Goldes unrichtige Resultate erhalten werden. Um aber den Blick beobachten zu können, ist es nöthig, das vom Silber geschiedene Gold mit der entsprechenden Menge Blei bei hoher Temperatur abzutreiben, wo sich dann die durch die Scheidung mit Salpetersäure nicht entfernten Platinmetalle zu erkennen geben.

Van Riemsdijk[3]) gibt hierüber weiter an, dass

1. Die kleinsten Mengen Ruthenium und Osmi-Irid ($\frac{1}{2}$ Tausendtheil und darüber), wenn sie in der ursprünglichen Legirung enthalten waren, bei dem vom Silber geschiedenen und hierauf mit Blei cupellirtem Golde verbleiben.

2. Die Gegenwart von etwa 0,001 Iridium der Genauigkeit der Probe nicht nachtheilig ist, da so geringe Mengen bei der Scheidung mit Salpetersäure mit dem Silber entfernt werden, über 0,001 Iridium aber hindert das Auftreten des Blicks und solche Körner sind zu schwer.

3. Zwei Tausendtheile Rhodium haben auf die Blickerscheinung keinen merklichen Einfluss, mehr davon aber verhindern den Blick; solche Probekörner haften stark an der Capelle, dieselben erstarren bei dem Herausnehmen aus der Muffel sofort, das Korn ist rosafarbig und bei höherem Rhodiumgehalt rothbraun, selbst schwärzlich.

4. Ein geringer Gehalt an Osmium schadet der Reinheit des Blickes nicht, über $2\frac{1}{2}$ Tausendtel davon in der ursprünglichen Legur aber werden bei dem Cupelliren nicht ganz entfernt, sondern finden sich in dem abgetriebenen Golde zum Theile wieder; bei dem Abtreiben solchen Goldes erfährt man übrigens bedeutende mechanische Verluste, indem sich gasförmige Osmiumsäure entwickelt, welche Gold mitführt und dann ist es nicht möglich, den Goldgehalt auch nur annähernd zu bestimmen.

A. Bock[4]) jedoch schliesst aus seinen Erfahrungen, dass das Fehlen der Ueberhitzung und die damit verbundene Sprödigkeit des Silbers oder güldischen Silbers (Silbergoldes) nur allein zurückgebliebenen Spuren von Blei und Wismuth zuzuschreiben sei, und bestätigt, dass Anwesenheit von Kupfer bei dem Abtreiben die Ueberhitzung und hierdurch auch die Streckfähigkeit des Silbers oder Silbergoldes befördere. Desshalb setzt derselbe bei seinen Goldproben auf 500 Milligramme Gold stets 25 mg reines galvanisch gefälltes Kupfer zu und treibt diese Menge mit 3 g Blei ab, wodurch immer vollständig dehnbare zu glattrandigen Bändchen walzbare Goldkörner resultiren. Diese Methode des Abtreibens hochfeinen, d. i. reinen Goldes ist auch in der Münze zu Brüssel und Utrecht[5]) im Gebrauche und rührt von Augendrée her.

---

[3]) Archiv. Neerlandaises. tom. XV. Bg. u. Httnmsch. Ztg. 1880 pag. 247.

[4]) Bg. u. Httnmsch. Ztg. 1880 pag. 409.

[5]) Dingler's Journ. Bd. 119 pag. 112.

Von Goldmünzen oder Probegold wird blos 0,25 g oder 0,50 g zur Probe eingewogen und cupellirt; zeigt die in flüssigem Zustande aus der Muffel herausgenommene Probe keinen Blick und erstarrt fast momentan, so hat man Grund, einen Gehalt des Goldes an Platinmetallen oder einen Bleirückhalt vorauszusetzen. In der That enthalten auch die meisten Münzen und das Kaufgold erhebliche Mengen von Platinmetallen, wahrscheinlich Osmi-Irid; solche Körner haben auch ein unebenes Aussehen und lassen ein Sprudeln des flüssigen Metalls vor dem Festwerden wahrnehmen, welches durch die Entwickelung mikroskopischer Gasblasen hervorgerufen wird, die bei Gegenwart von Osmium aus Osmiumsäure bestehen oder aus Sauerstoff, wenn Iridium und Ruthenium anwesend sind.

Manchmal findet man, dass Proben von verschiedenen Theilen eines Stücks oder Barrens sich verschieden verhalten nach erfolgtem Abtreiben und bei der einen Probe der Blick eintritt, bei der andern nicht; dies hat seinen Grund darin, dass die mit Gold sich nicht legirenden Platinmetalle (alle mit Ausnahme von Platin und Palladium) ungleich in dem Golde vertheilt sind. Ein cupellirtes Korn, das aus reinem Golde besteht und überhitzt wurde, also geblickt hat, lässt sich ohne Kantenrisse platt hämmern und walzen; wird das Gold bei dem Cupelliren nicht überhitzt, d. h. hat es nicht geblickt, so bleiben stets Spuren von Blei, etwa 0,7 Tausendtel davou bei dem Golde zurück, welche die Streckbarkeit des Goldes ebenso beeinträchtigen, wie etwa darin enthaltene Platinmetalle mit Ausnahme der beiden oben genannten, welche auch auf die Dehn- und Streckbarkeit des Goldes keinen schädlichen Einfluss nehmen.

Quartation des Goldes mit Cadmium. Methode des Verfassers[6]). Statt des Silbers lässt sich mit Vortheil Cadmium zur Quartation verwenden, das sehr leichtschmelzig ist, das Gold leicht aufnimmt und es ermöglicht, die Quartation in kürzester Zeit in einem Porcellantiegelchen über der Lampe vorzunehmen, wobei man für die Schmelzung eine Decke von Cyankalium anwendet. Es genügt auch hier, um ein zusammenhängendes Gold zu erhalten, die zwei und einhalbfache Menge an Cadmium anzuwenden, beziehentlich das davon nöthige Gewicht zur Ergänzung bei Vorhanden-

---

[6]) Oesterr. Ztschft. f. Bg. u. Httnwsn. 1879 pag. 597 u. 1880 pag. 182. Ztschft. f. anal. Chem. Bd. 19 pag. 201. Dingler's Journ. Bd. 236 pag. 323.

sein eines Theils Silber, wodurch sämmtliche fremde Metalle von der Salpetersäure fortgelöst werden; man kann zwar das erhaltene Korn nicht plätten, weil es spröde ist, aber man erhält nach dem Weglösen der Inquartationsmetalle ein Goldkorn, das ganz die Form des ursprünglichen Königs behalten hat, und auf der Oberfläche zahlreiche Sprünge zeigt, durch welche das Cadmium aus dem Innern extrahirt wurde.

Nach dem Zusammenschmelzen des Goldes oder der Goldlegur mit dem Cadmium, das sehr leicht und schnell erfolgt, lässt man den Tiegel auskühlen, löst den über dem Metallkorn befindlichen Cyankaliumkuchen mit Wasser fort, wäscht das Korn und behandelt es in einem Solutionskölbchen in gewöhnlicher Weise mit Salpetersäure, einmal mit solcher von 1,2, hierauf zweimal mit solcher von 1,3 spez. Gew., kocht das Gold dann mit Wasser gut aus, wäscht es, bringt es in einem Porcellantiegelchen über einen Bunsenbrenner oder in einem Goldglühtiegel in die Muffel, glüht aus und wägt nach dem Erkalten.

Diese Methode der Quartation bietet die folgenden Vortheile:

1. Sie ist sehr expeditiv, und man erspart die Beheizung eines Muffelofens.

2. Man hat keine Verluste an Gold durch Verflüchtigung und durch Capellenzug bei dem Abtreiben, welche letzteren mit dem Kupfergehalte des Goldes wachsen und bei der Inquartation mit Silber stets die dreifache Menge des Goldgehaltes an Silberzusatz erfordern, um das zum Golde so starke Verwandtschaft zeigende Kupfer zu entfernen.

3. Die $2\frac{1}{2}$ fache Menge des Goldes an fremden Metallen genügt, um nach der Scheidung das Gold in compactem Zustand zu erhalten.

4. Die Probe ist gleich gut anwendbar für Goldsilber-, wie für Goldkupferlegirungen, und ein separates Abtreiben einer Goldkupferlegirung entfällt.

5. Das gut ausgekochte und gut ausgewaschene Gold zeigt nach dem Glühen stets die reine Goldfarbe.

6. Diese Methode ist namentlich sehr gut anwendbar zur sofortigen Untersuchung schon fertiger Legirungen.

7. In der von der Scheidung mit Salpetersäure erhaltenen und behutsam abgegossenen Lösung kann bei allenfalls in der Legur anwesendem Silber der Silbergehalt titrimetrisch bestimmt werden.

E. Kraus[7]) empfiehlt nun, bei Ausführung dieser Probe zweimal je 0,25 g einzuwägen, in einem Porcellantiegelchen ein Stückchen Cyankalium einzuschmelzen und die beschickte Legur hinein-
zubringen. Bei dem rasch erfolgenden Einschmelzen kann man, wenn
man mit 2—3 Porcellantiegelchen abwechselt und in einer Schale
mit heissem Wasser die Cyankaliumdecken immer sogleich auflöst,
in einer Stunde 20—30 Schmelzungen vornehmen. Um das Zer-
reissen der Körner zu vermeiden, muss auch während des Siedens
das Stossen der Flüssigkeit vermieden werden, welchem man durch
Einwerfen eines Stückchens Kohle (Erbsenkohle) vorbeugt. Man
kocht sofort mit Säure von 1,3 spez. Gew., gegen welche concentrir-
tere Säure sich die Körner widerstandsfähiger erweisen, zum ersten-
mal wenigstens $\frac{1}{2}$ Stunde, selbst bis 1 Stunde, je nach dem Goldgehalt, giesst die Lösung ab, kocht nochmal mit derselben Säure
10 Minuten hindurch und hierauf noch 5 Minuten mit heissem
Wasser und bringt endlich das Korn in den Goldglühtiegel u. s. f.
Für die Bestimmung des Silbers in der abgegossenen salpetersauren
Lösung benutzt man zweckmässig die Vollhard'sche Methode, welche
ebenfalls rasch ausführbar ist, und nimmt als Lösungskölbchen
solche mit einem Ausgussrand, die man sich für diesen Zweck selbst
herstellen kann; die salpetersaure Lösung, sowie die Waschwässer
werden in einem Erlenmayer'schen Kolben gesammelt und darin
nach dem Abkühlen sofort titrirt.

Massanalytische Bestimmung des Goldes nach v. Jüptner[8]).
Enthalten die zu untersuchenden Goldlegirungen Zinn oder Antimon
oder etwas an Platinmetallen, welche sämmtlich in Salpetersäure
nicht löslich sind, so behandelt man den von der Lösung in Salpetersäure verbliebenen Rückstand mit Königswasser, fällt die Platinmetalle mit Salmiak, bringt im Wasserbad zur Trockne, nimmt in
Wasser auf und filtrirt ab. Das Filtrat versetzt man mit einer gemessenen, überschüssigen Menge einer Lösung von Ammoniumferrosulfat, wodurch das Goldchlorid zu metallischem Golde reducirt
wird, und titrirt den nicht oxydirten Antheil von Eisenoxydul mit
Chamäleon zurück.

Die Reduction des Goldes erfolgt nach der Gleichung

$$Au_2 O_3 + 6 FeO = 2 Au + 3 Fe_2 O_3$$
$$\text{(thatsächlich: } 2 Au Cl_3 + 6 Fe SO_4) = 2 Au + Fe_2 Cl_6 + 2 [Fe_2 (SO_4)_3];$$

---

[7]) Dingler's Journ. Bd. 236 pag. 323.
[8]) Oesterr. Ztschft. f. Bg. u. Httnwsn. 1880 pag. 182.

es entsprechen demnach 2 Gold 6 Eisen, oder 1 Gold 3 Eisen, und bezeichnet man den durch das Titriren mit Chamäleon oxydirten Antheil Eisen mit m, den zu suchenden Goldgehalt aber mit x, so ergibt sich aus der Proportion:

$$3\,\mathrm{Fe:Au} = 168:196,7 = \mathrm{m:x}$$
$$x = \frac{196,7}{168}\cdot m = 1,172\,m,$$

und man hat demnach den aus der Probe sich ergebenden Antheil oxydirten Eisens mit 1,172 zu multipliciren, um den gesuchten Goldgehalt zu finden.

Darstellung der Ammoniumferrosulfatlösung. Nachdem 1 Gold durch $\frac{168}{196,7} = 0,857$ Eisen ausgefällt wird, so löst man zweckmässig 6 g Mohr'sches Salz in 1 Liter mit Schwefelsäure angesäuerten Wassers auf; diese 6 g enthalten $6 \times 0,14285 = 0,857$ g Eisen und der Cubikcentimeter dieser Salzlösung fällt genau 1 mg Gold aus.

Darstellung der entsprechenden Chamäleonlösung. Bereitet man sich eine Chamäleonlösung von einem solchen Wirkungswerth, dass 1 ccm derselben genau 1 ccm der wie oben bereiteten Mohr'schen Salzlösung entspricht, so hat man blos die zum Titriren verwendeten Cubikcentimeter Chamäleon von dem der Goldlösung zugesetzten Volum der Ammoniumferrosulfatlösung in Abzug zu bringen, um sofort den Goldgehalt der untersuchten Lösung in Milligrammen zu finden. Man erhält eine solche Lösung von sehr nahe entsprechendem Titer, wenn man etwa $\frac{1}{2}$ g krystallisirtes Kaliumpermanganat in 1 Liter Wasser löst; die richtige Titerstellung dieser Chamäleonlösung auf die Ammoniumferrosulfatlösung ist dann durch wiederholte Versuche genau festzustellen.

Scheidung des Goldes von den Platinmetallen durch die Elektrolyse. Bringt man Gold in Verbindung mit dem positiven Pol einer Batterie in eine neutrale Lösung von Goldchlorid, so löst sich dasselbe und setzt sich an der negativen Elektrode fest, ohne dass die Concentration des Bades sich ändert. Man verbindet demnach das zu scheidende Gold in Form von Blech mittelst Kupferdraths mit dem positiven Pol, ebenso ein genau gewogenes Blechstückchen von reinstem Golde mit dem negativen Pol, bringt beide in eine Goldchloridlösung und lässt den elektrischen Strom einwirken. Das Gold vom positiven Pol schwindet und setzt sich am negativen Pol an, die Platinmetalle werden frei und fallen als grauschwarzes Pulver zu Boden. Nach beendigter Zersetzung wird das als negativer Pol benutzte Goldblech mit Wasser und Alkohol gewaschen, getrocknet und gewogen; sein Mehrgewicht entspricht dem Goldgehalt der geprüften Goldlegur. Dieses Verfahren ist in der norddeutschen Affinerie zu Hamburg im Grossen bei Darstellung hochfeinen Goldes in Anwendung[9].

---

[9] Bg. u. Httnmsch. Ztg. 1880 pag. 411.

Blei.

Zur Bleiprobe auf trockenem Wege. Probe in eisernen
Tiegeln. Zu Friedrichshütte bei Tarnowitz werden 2 Posten
von je 50 g Erz unter Zuschlag von 20 g eines aus 8 Theilen Pott-
asche und 1 Theil Mehl bestehenden Flusses und 10 g Borax im
Windofen eingeschmolzen. Die Könige werden bis auf Centigramme
genau ausgewogen, und dürfen die Bleigehalte bei der Probe nicht
mehr als 1,5 % von einander abweichen[1]).

Röstreductionsprobe. Dieselbe besteht auf den niederungarischen Hütten und im Klausenburger Bergdistrict als Ein-
lösungsprobe, jedoch wird kein Eisenzuschlag gegeben, sondern die
Post möglichst vollständig, zuletzt unter Zutheilung von Kohlenstaub abgeröstet. Zu Schemnitz werden die folgenden Ausgleichsdifferenzen tolerirt:

Bleigehalt des Erzes	Ausgleichbare Differenz
bis 30 %	2 %
- 40 -	4 -
über 40 -	6 -

Die Proben werden dreifach ausgeführt.

Im Klausenburger Bergdistrict[2]) sind diese Toleranzen von
den vorigen wenig abweichend, nämlich:

Halt der Erze	Ausgleichbare Differenz
0—25 %	2 %
25,25—50 -	4 -
50,25 % bis zum höchsten Halt	6 -

Elektrolytische Bestimmung des Bleies. Parodi und Mascazzini[3]) verfahren folgends: Das Blei wird zuerst als Sulfat ab-

---

[1]) Ztschft. f. d. Bg.-, Httn.- u. Salinenwesen im preuss. Staate. Bd. 22
pag. 92.

[2]) Handschriftl. Mittheil. d. k. ung. Hptprobirers A. Hauch in Zalathna.

[3]) Gazetta chim. ital. 8. Ztschft. f. anal. Chem. Bd. 18 pag. 588.

geschieden und hierauf durch eine alkalische Lösung von weinsteinsaurem Natron gelöst, ein abgemessener Theil dieser Lösung mit
Salzsäure angesäuert, bis ein .weisser Niederschlag entsteht, hierauf
mit Natronlauge neutralisirt, noch 30 ccm concentrirte Natronlauge
(150 g in $\frac{1}{2}$ Liter) zugefügt, mit Ammon das Ganze auf 200 ccm
verdünnt, die Platinelektroden eingesetzt und der Strom einwirken
gelassen. Nach geschehener Ausfällung wird der Conus nach Ver-
drängen der Flüssigkeit mit Wasser gewaschen, dann der Strom
unterbrochen, der Niederschlag auf dem Conus noch zweimal mit
Alkohol gewaschen und bei einer Temperatur von 30—40° C. in
einer Atmosphäre von Leuchtgas getrocknet. Das elektrolytisch gefällte Blei löst sich etwas schwierig in Salpetersäure, wesshalb
dieses Weglösen nöthigenfalls wiederholt und auch der Platinconus
vor und nach dem Weglösen des Bleies gewogen werden soll, um
sich zu überzeugen, dass kein Blei mehr daran hafte.

Nach M. Kiliani[4]) haftet der Niederschlag von Bleisuperoxyd
in grösseren Quantitäten nur dann fest an der Anode, wenn die
Stromdichte so gering ist, dass keine Gasentwickelung neben der
Ausscheidung stattfindet; bei Gasentwickelung blättert sich der
Niederschlag in Schuppen von der Anode ab. Geringe Stromdichte
hat aber eine zu langsame Ausfällung zur Folge und darum benutzt
man zweckmässig eine Schale als Anode (siehe Fig. 33) und einen
Conus oder Scheibe als Kathode. Der Niederschlag lässt sich dann
leicht und ohne Verlust auswaschen, er ist aber nicht reines Superoxyd, sondern ein Hydrat mit wechselndem Bleigehalt, welches nach
Wernicke[5]) um so mehr wasserfreies Hyperoxyd enthält, je concentrirter die Flüssigkeit war und je länger die Elektrolyse gedauert
hat. Wenn man diesen Niederschlag bei 200—250° C. bis zu constantem Gewicht längere Zeit hindurch erhitzt, so hinterbleibt nach
Kiliani reines Bleiüberoxyd, ohne dass eine Zersetzung sattfindet;
die Schale muss bei dem Trocknen und Erkalten bedeckt bleiben,
weil kleine Superoxydtheilchen von den Wänden abspringen und
fortgeschleudert werden könnten.

Nach Schucht[6]) fällt nur aus starksauren Lösungen alles Blei
als Superoxyd, die vollständige Abscheidung erfolgt nur bei Anwesen-

---

[4]) Bg. u. Httnmsch. Ztg. 1883 pag. 401.
[5]) Poggendorff, Anal. Bd. 141 pag. 109.
[6]) Ztschft. f. anal. Chem. Bd. 22 pag. 487.

heit von mindestens 10 % freier Salpetersäure. Dieser Umstand wird von E. Tenney[7]) bestätigt, und bei Anwesenheit grösserer Mengen von Blei kann als positive Elektrode nur eine Platinschale benutzt werden. (Wir glauben, dass dies bei Ausfällung des Bleies als Superoxyd immer der Fall sein muss.) Allzuviel Salpetersäure aber sei ebenfalls schädlich, weil durch Zersetzung der starken Salpetersäure die dabei entstehende salpetrige Säure einen Theil des Bleioxyds wieder lösen soll.

Nach May[8]) kann man das Bleiüberoxyd auch durch vorsichtiges Erhitzen in Oxyd verwandeln und als solches wägen.

Massanalytische Bestimmung des Bleies. Methode von W. Diehl[9]) mittelst Kaliumbichromat und Natriumhyposulfit. Das Verfahren beruht auf der Ausfällung des Bleies aus essigsaurer Lösung durch saures chromsaures Kali und Bestimmung der überschüssigen Chromsäure mit unterschwefligsaurem Natron in saurer Lösung. Die erfolgende Reaction zeigt folgende Formel:

$$4\,(K_2\,Cr_2\,O_7) + 3\,(Na_2\,S_2\,O_3) + 13\,(H_2\,SO_4) =$$
$$4\,(K_2\,SO_4) + 4\,[Cr_2\,(SO_4)_3] + 3\,(Na_2\,SO_4) + 13\,(H_2\,O).$$

Ausführung der Probe. 1 g des zu prüfenden Erzes (von reicheren Substanzen genügt 0,5 g) wird mit Königwasser und verdünnter Schwefelsäure aufgeschlossen, die Lösung bis zum beginnenden Wegrauchen der Schwefelsäure concentrirt, mit Wasser verdünnt und aufgekocht, dann erkalten gelassen und durch ein glattes Filter mit der Vorsicht filtrirt, dass möglichst wenig. des Rückstandes auf das Filter gelange, und letzteres mit Schwefelsäure haltendem Wasser gewaschen. Den Rückstand im Lösekolben übergiesst man mit 25 ccm neutralen Ammoniumacetats, verdünnt mit etwa 100 ccm Wasser, kocht und filtrirt dann durch dasselbe Filter in ein reines untergestelltes Kölbchen; man wiederholt diese Manipulationen nochmal mit 10 ccm Ammoniumacetat und wäscht zuletzt mit kochendem Wasser, welchem man etwas essigsaures Ammon zugesetzt hat, gut aus, da die Filter essigsaure Ammonbleisalze hartnäckig zurückhalten, wesshalb es gut ist, das ausgewaschene Filter noch vom Rande aus mit etwas kochender verdünnter Salzsäure (1 Theil Salzsäure von 1,2 spez. Gew. mit 10 Theilen Wasser) und hierauf wieder mit heissem Wasser zu waschen.

---

[7]) Americ. Chem. Journ. Bd. 5 pag. 415.
[8]) Ztschft. f. anal. Chem. Bd. 14 pag. 347.
[9]) Ztschft. f. anal. Chem. Bd. 19 pag. 306.

Das das Blei enthaltende Filtrat säuert man mit etwa $\frac{1}{2}$ ccm Essigsäure an und titrirt in der Kälte (in der Wärme würde etwas Bleichromat von dem essigsauren Ammon gelöst werden) mit Kaliumbichromat so weit, dass etwa 2 ccm desselben zuviel zugesetzt werden, schüttelt dann gut durch, lässt $\frac{1}{2}$ Stunde stehen, setzt einige Tropfen Natriumacetat hinzu, um einem trüben Durchgehen bei dem Filtriren zu begegnen, und filtrirt durch zwei in einander gesteckte Faltenfilter. Man wäscht den Niederschlag mit kaltem Wasser gut aus, säuert die abfiltrirte Lösung mit verdünnter Schwefelsäure an, bringt zum Kochen und titrirt mit Natriumhyposulfit.

Feststellung der Wirkungswerthe des Kaliumbichromats und des Natriumhyposulfits. Von dem zweifach chromsauren Kali löst man 7,38 g in 1 Liter Wasser; jeder Cubikcentimeter dieser Lösung entspricht 0,01035 g Blei. Von dem unterschwefligsauren Natron löst man 4—5 g in 1 Liter Wasser auf.

Man bringt nun 20—30 ccm der Kaliumbichromatlösung in einen Kolben, verdünnt mit 300 ccm Wasser und setzt 25 ccm verdünnte Schwefelsäure (1 Theil Säure mit 2 Theilen Wasser) hinzu. Sodann kocht man die Flüssigkeit und lässt tropfenweise von dem Natriumhyposulfit zufliessen; die Flüssigkeit wird immer heller und in der Regel vollständig farblos, nur bei grösseren Mengen Kaliumchromats bleibt eine schwach grünliche Färbung, wesshalb grosser Ueberschuss davon zu vermeiden ist. Gegen Ende lässt man nach Zusatz einiger Tropfen noch einmal aufwallen; die völlige Entfärbung tritt durch einen Tropfen Reagens ein.

Nachdem man so erfahren hat, wieviel Natriumhyposulfit einem Cubikcentimeter Kaliumbichromatlösung entsprechen, hat man bei dem Titriren der Erzlösung blos die durch das Natronsalz gegebenen Cubikcentimeter des Chromats von der ganzen zugesetzten Menge in Abzug zu bringen, um jene Menge davon zu erfahren, welche zur Ausfällung des Bleies gedient hat.

Weinsaures Ammonium zum Lösen des Bleisulfats ist nicht brauchbar, da es in stark ammoniakalischer Lösung angewendet werden muss, weil freie Weinsäure Bleichromat löst, bei dem Ansäuern der ammoniakalischen Lösung aber Ammonbitartarat niederfällt, und weil Ammontartarat Kaliumbichromat selbst in saurer Lösung reducirt. Diese Probe ist namentlich für ärmere Erze anwendbar und steht auf der Hütte zu Ems in Uebung.

Docymastische Bleiprobe auf nassem Wege von C. Rössler[10]). Diese Bestimmung benutzt das von Storer angegebene Verfahren der Ausscheidung des Bleies aus dem Bleiglanz durch Zink
bei Gegenwart verdünnter Salzsäure; der erhaltene Bleischwamm
wird dann von einem bestimmten Gewicht einer sehr leichtschmelzigen Legur aufgenommen und aus dem Mehrgewicht der neu erzeugten, nun bleihältigen Legirung der Bleigehalt berechnet.

Die zur Legirung des Bleies dienende leichtflüssige Legirung
stellt man dar, indem man in einem zum schwachen Rothglühen
erhitzten hessischen Tiegel nach einander 20 Theile reines (nicht
das im Handel erhältliche) Wismuth, 10 Theile Blei, 5 Theile
Cadmium und 5 Theile Zinn einträgt, die eingeschmolzenen Metalle
mit einem Glastab gut umrührt und die Legirung auf einen Porcellanteller ausgiesst. Während des Schmelzens ist etwas Salmiak
in den Tiegel zu streuen, wodurch Oxydbildung verhindert wird und
das Metallgemisch vollständig aus dem Tiegel ausfliesst. Das erstarrte Metall reinigt man nöthigenfalls mit einer Bürste, erhitzt es
dann unter Wasser in einer Porcellanschale zum Schmelzen, mischt
es nochmal gut durch und taucht dann die Schale von aussen in
kaltes Wasser. Den abgetrockneten Metallkuchen zerschlägt man
in kleine Stückchen und wägt davon die nöthige Anzahl einzelner
Portionen im Gewichte von etwa 2 g ab, welche man auf vorbereiteten
Kartenblättern unter einem darauf gestellten umgestülpten Trichter
oder Bechergläschen vorläufig aufbewahrt. Die einzelnen abgewogenen
Posten werden in ein etwa 45 mm langes und 15 mm weites
Reagirröhrchen gebracht, etwas mit Salzsäure schwach angesäuertes Wasser aufgegossen und über einer kleinen Spiritusflamme
zum Schmelzen erhitzt; man lässt dann das Metall unter Umschwenken so weit erkalten, bis es anfängt, dickflüssig zu werden, und
taucht dann das Röhrchen rasch unter kaltes Wasser. Die einzelnen
so erhaltenen Könige müssen blank sein und dürfen keine rauhe
Oberfläche zeigen; letztere sind auszuscheiden und umzuschmelzen,
von den ersteren stellt man sich einen entsprechenden Vorrath her
und bewahrt sie zum Gebrauche auf.

Zur Zersetzung des Probengutes benutzt man weitere Reagircylinder von 50—60 ccm Inhalt, auf welche man ein Trichterchen
aufsetzt, dessen Hals man mit einer Feile weggenommen hat, und

---

[10]) Ztschft. f. anal. Chem. Bd. 24 pag. 1.

durch dessen Oeffnung ein Glasstab gesteckt ist (Fig. 34). Von dem
Probengute wägt man so viel ein, dass die darin enthaltene Blei-
menge nicht viel mehr als 0,5 g beträgt, also im Allgemeinen
etwa 1 g.

Diese Eprouvetten werden nun mit dem abgewogenen Probirgut
beschickt, Salzsäure von 1,10 spez. Gew. in nöthiger Menge zugefügt,
dass dieselbe etwa das 30 fache des vorhandenen Schwefelbleies
beträgt, und nun die Reagircilinder so lange erhitzt, bis keine Einwirkung der Säure mehr auf den Bleiglanz wahrzunehmen ist, worauf
man den Inhalt derselben mit dem gleichen Volum Wasser verdünnt.

Zur Fällung des Bleies setzt man nun die Eprouvetten
in ein gemeinsames Wasserbad von etwa 70° Temperatur,
bringt in jedes Rohr etwa 1 g metallischen Zinks, rührt
in jedem Cilinder öfters um, und trägt, wenn es nöthig
erscheint, noch ein kleines Stückchen Zink nach. Ob
ein solcher Zusatz nöthig ist, erkennt man durch Einwerfen eines kleinen Stückchens Magnesiumband von etwa
4 qmm Grösse; verschwindet dasselbe bei dem Umschwenken,
so ist die Flüssigkeit bleifrei, hinterlässt es aber ein
schwarzes Bällchen, so ist noch Zink zuzusetzen nothwendig.
Das Blei wird durch das Magnesium nicht unmittelbar
gefällt, sondern es bildet sich zuerst ein Zinkschwämmchen
und dieses fällt dann erst das Blei.

Man prüft nun noch, ob im Innern des gefällten Blei-
schwamms nicht etwas ungelöstes Zink zurückgeblieben
ist, indem man mit dem Glasstab an mehreren Stellen in
den Schlamm sticht und beobachtet, ob nicht noch Wasser-

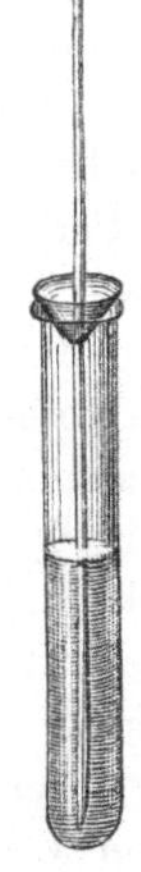
Fig. 34.

stoff entweicht, und sofern dies nicht mehr geschieht,
drückt man den Schwamm mit dem Glasstab etwas zusammen
und giesst die Flüssigkeit ab. Es wird hierauf sofort soviel Wasser
wieder darüber gebracht, dass der Bleischwamm davon bedeckt
ist, zur Abstumpfung der freien Säure etwas gefälltes Calcium-
carbonat zugefügt und zu der ganz schwachsauren Lösung und
dem Bleischwamme einer der genau gewogenen Könige der leicht-
flüssigen Legirung (Wood'sches Metall) zugegeben, mit dem Glasstab
der Bleischwamm daran gedrückt, und über einer kleinen Spiritusflamme erhitzt, bis das Zusammenfliessen der Metalle erfolgt, das
man durch Umschwenken zu befördern trachtet. Ist die Vereini-
gung geschehen, so taucht man das Rohr in kaltes Wasser, nimmt das

erstarrte Korn heraus, spült es ab und schmilzt es unter etwas angesäuertem Wasser um, worauf man das flüssige Metall nach einiger Abkühlung kurz vor dem Erstarren in ein Glasröhrchen ausgiesst, das in ein Gefäss mit kaltem Wasser gestellt und in welchem etwas kaltes Wasser vorgelegt wurde, worauf man das erkaltete Korn abspült, trocken werden lässt und wägt. Das Umschmelzen geschieht desshalb, weil die durch das erste Zusammenschmelzen erhaltenen Körner stets eine geringe Menge Wasser mechanisch eingeschlossen enthalten, um welches dieselben bei der Abwage zu schwer gefunden, daher zu hohe Resultate erhalten werden würden.

Gegenwart von Antimon wäre insofern nicht schädlich, als dasselbe bei der Einlösung ohnehin wie Blei bezahlt und bei der Verhüttung in dem Hartblei gewonnen wird; das Antimon geht mit dem Blei in Lösung und wird durch Zink mit dem Blei gemeinschaftlich gefällt, doch erfolgt in diesem Falle die Metallabscheidung langsamer und der Schwamm zeigt dunklere Farbe. Es wird jedoch nicht alles Antimon von dem Wood'schen Metalle aufgenommen und es scheint dass es sich nicht vollkommen legire. Die Proben fallen demnach dann unrichtig aus. Man kann aber den Bleigehalt allein bestimmen, wenn man die salzsaure Lösung des Bleies zur Trockne dampft, dann bis 250⁰ C. erhitzt (nicht höher) um das Antimonchlorid zu verflüchtigen, bei welcher Temperatur Chlorblei noch nicht flüchtig ist, hierauf den Rückstand wieder in heisser Salzsäure löst und in oben angegebener Art weiter behandelt.

Bei Gegenwart von Kupfer muss das Blei zur Trennung von dem Kupfer erst in Sulfat überführt, und aus diesem bei Gegenwart von Zink und verdünnter Salzsäure das Blei ausgeschieden werden.

Zink.

Bestimmung eines Bleigehaltes in Zinkerzen. Nach Brunn-lechner[1]) soll ein mehr als $\frac{1}{2}$% betragender Bleigehalt in Zinkerzen bestimmt werden. Man löst zu diesem Zweck 2 g des Erzes in Salpetersäure, dampft zur Trockne, nimmt in mit Schwefelsäure angesäuertem Wasser auf und dampft wieder so weit ab, bis starke weisse Nebel von Schwefelsäure zu entweichen beginnen; nach dem Erkalten verdünnt man, filtrirt und wäscht, bis ein Tropfen des Filtrats mit Schwefelammonium nicht mehr getrübt wird, spült dann den Niederschlag vom Filter in ein Becherglas und digerirt darin mit einem Gemisch von Ammoniak und Ammoniumtartarat, wodurch das Blei von dem unlöslichen Rückstande getrennt wird. Man filtrirt ab, und fällt im Filtrat das Blei durch Schwefelsäure, welches man absetzen lässt, abfiltrirt und in bekannter Art weiter behandelt.

Volumetrische Zinkbestimmungen. Zinksulfürprobe von Schneider[2]). Dieselbe beruht darauf, das Zink in starkverdünnter schwefelsaurer Lösung durch Schwefelwasserstoff auszufällen, nachdem man in der concentrirteren Lösung Blei, Kupfer u. a. durch dasselbe Gas abgeschieden hat.

1 g Erz wird in einem langhalsigen Kolben mit 10 ccm concentrirter Schwefelsäure und 2 ccm concentrirter Salpetersäure bis zum Entweichen von weissen Schwefelsäuredämpfen digerirt; in diesem Säuregemisch nicht lösliche Substanzen, z. B. Röstgut müssen in Salzsäure gelöst und dann mit Schwefelsäure abgedampft werden. Den erkalteten Rückstand nimmt man in angesäuertem Wasser auf, setzt

---

1) Oesterr. Ztschft. f. Bg. u. Httnwsn. 1879 pag. 447.

2) Oesterr. Ztschft. f. Bg. u. Httnwsn. 1881 pag. 523. Bg. u. Httnmsch. Ztg. 1881 pag. 405. Ztschft. f. anal. Chem. Bd. 22 pag. 562. Chem. Ctrlbltt. 3. Folge Bd. 12 pag. 771.

70 ccm Wasser hinzu und leitet ohne zu filtriren $^1/_4$ Stunde Schwefelwasserstoffgas ein, kocht dann zur Austreibung dieses Gases, filtrirt, wäscht mit schwefelsäurehaltendem Wasser aus, neutralisirt das Filtrat mit Ammon bis zu beginnender Trübung, löst dann die Trübung wieder mit einigen Tropfen Schwefelsäure, verdünnt auf $^1/_2$ Liter oder mehr mit kaltem Wasser und fällt das Zink durch Einleiten von Schwefelwasserstoffgas aus, filtrirt dann das Schwefelzink ab, trocknet, verascht das Filter, fügt dann das trockene Schwefelzink hinzu, mengt Schwefelpulver bei und erhitzt ohne Zuleitung von Wasserstoffgas bei aufgelegtem Deckel in einem Porcellantiegel über der Gasflamme, bis die am Rande des Deckels hervortretende blaue Flamme von Schwefeldioxyd verschwindet. Sind dem Schwefelzink Papierfasern vom Filter beigemengt, so röstet man dasselbe vor dem Zumengen von Schwefel.

Diese Probe braucht zur Ausführung blos 4 Stunden Zeit, doch fällt das Zink stets eisenhaltig nieder, man erhält demnach immer etwas zu hohe Resultate.

Bei der Bestimmung des Zinks mit Ferrocyankalium nach Galetti wirkt die Gegenwart von Mangan schädlich, weil es mit dem Zink niedergeschlagen wird. R. W. Mason[3]) empfiehlt desshalb nach Abscheidung der durch Schwefelwasserstoff aus saurer Lösung fällbaren Metalle und des Eisens, die essigsauer gemachte Lösung mit Schwefelwasserstoff zu behandeln, den ausgewaschenen Niederschlag von Schwefelzink in Salzsäure zu lösen und erst diese Lösung zum Titriren zu verwenden.

Eine dasselbe Reactiv zur Bestimmung des Zinks benutzende Methode wurde von G. Giudice[4]) angegeben, welche sich darauf gründet, dass bei Gegenwart von Weinsäure aus der ammoniakalischen Lösung blos das Zink durch Ferrocyankalium gefällt wird, während Eisen, Blei und Thonerde gelöst bleiben, und eine Trennung des Zinks von diesen Matallen demnach nicht nothwendig wird, dagegen dürfen Kupfer und Mangan nicht anwesend sein. Als Indicator dient ein Eisenoxydsalz, das mit einem Tropfen der mit Essigsäure angesäuerten Lösung zusammengebracht wird; Ferrocyanzink wird nämlich durch Essigsäure nicht verändert.

---

[3]) Americ. Chem. Journ., Bd. 4 pag. 53. Ztschft. f. annal. Chem. Bd. 22 pag. 246.

[4]) Giorn. Farm. Chim. **31** pag. 337. Chemikerztg. 1882 pag. 1034.

0,5—1,0 g des Erzes werden in Salpetersäure oder Königswasser gelöst, die Lösung auf das doppelte oder dreifache verdünnt,
und eine Lösung von Kalium-Ammoniumtartarat zugesetzt; man fügt
noch Ammoniak im Ueberschuss hinzu und verdünnt auf 300 bis
400 ccm. Die Lösung ist gewöhnlich nicht ganz klar, doch ist ein
Filtriren nicht nöthig. Der Titer des Ferrocyankaliums wird am
besten auf eine Lösung von reinem Zink oder eines reinen Zinksalzes
von bekanntem Metallgehalt gestellt, doch ist auch die Galletti'sche
Titerflüssigkeit hierzu brauchbar.

**Zinkbestimmung durch Umsetzung des Schwefelzinks
mit Chlorsilber und Ermittelung des Zinks aus dem äquivalenten Chlorgehalt nach C. Mann**[5]). 1 g der zu prüfenden
Substanz wird in Salpetersäure gelöst, Schwefelwasserstoff eingeleitet, abfiltrirt, das Filtrat gekocht und Eisenoxyd und Thonerde
durch Ammon gefällt, grössere Mengen dieses Niederschlags aber
nochmal in Salpetersäure gelöst und neuerdings präcipitirt; die vereinigten Filtrate, welche das Zink und etwa Mangan enthalten, werden mit Essigsäure versetzt und nun wieder Schwefelwasserstoff eingeleitet. Die Flüssigkeit mit dem ausgefällten Schwefelzink wird
zur Vertreibung überschüssigen Schwefelwasserstoffs ausgekocht, wodurch auch der Niederschlag von Schwefelzink viel dichter wird, so
dass er sich besser absetzt, das Schwefelzink dann heiss abfiltrirt,
ausgewaschen und sammt dem Filter in ein kleines Becherglas gebracht, 30—50 ccm heisses Wasser zugegeben, mit einem Glasstab
gut umgerührt und endlich gut ausgesüsstes, feuchtes Chlorsilber,
das man vor Licht geschützt in einem Glase unter Wasser in Vorrath fällt, im Ueberschuss zugesetzt und so lange gekocht, bis die
vollständige Zersetzung des Schwefelzinks erfolgt und die über dem
Rückstand stehende Flüssigkeit ganz klar geworden ist. Zuletzt
setzt man der Flüssigkeit noch 5—6 Tropfen verdünnte Schwefelsäure zu (1 : 6) filtrirt und wäscht kalt aus. Das Filtrat enthält
alles Zink als Chlorzink. Man setzt nun Silbernitratlösung im Ueberschuss, etwa 50 ccm davon, hinzu, schwenkt gut um, versetzt mit
einigen Cubikcentimetern Eisenammoniakalaun oder Ferrisulfat und
bestimmt den Ueberschuss an Silber nach der Vollhard'schen Methode, wodurch man die durch Chlor nicht gefällte Menge Silber

---

[5]) Oesterr. Ztschft. f. Bg. u. Httnwsn. 1879 pag. 426. Ztschft. f. anal.
Chem. Bd. 18 pag. 162.

erfährt. Aus dem durch Chlor gefällten Silber wird der Zinkgehalt berechnet; die Anzahl Cubikcentimeter des Silbersalzes,
welche durch die dem Zink äquivalente Menge Chlor gefällt wurde,
und die man durch Subtraction findet, gibt unmitelbar die Procente
an Zink.

Bereitung der Titerflüssigkeiten. Man löst 33,2 g chem.
reines Silber in Salpetersäure auf, dampft eben zur Trockne, nimmt
den Rückstand in Wasser auf und verdünnt auf 1 Liter; 1 ccm davon enthält 0,0332 g Silber und entspricht 0,01 g Zink.

Die Rhodanammoniumlösung stellt man zweckmässig so, dass
1 ccm davon genau 1 ccm der Silberlösung entspricht.

Eine Zinkbestimmung, für welche man drei Titerflüssigkeiten
in Gebrauch nehmen muss, wurde von J. B. Schober[6] angegeben.

Bestimmung des Zinks aus seiner Schwefelverbindung
durch Umsetzung mit Silbernitrat. Methode des Verfassers[7]. Das durch Scheidung von den andern Metallen auf
nassem Wege erhaltene reine Schwefelzink wird abfiltrirt, gut ausgewaschen, sammt dem Filter in ein Becherglas gebracht oder vom
Filter in ein solches Glas vollständig abgespritzt und in solcher
Menge mit einer Lösung von Silbernitratlösung übergossen, dass
Silber im Ueberschuss vorhanden ist, worauf man etwa $\frac{1}{2}$ Stunde
kocht. Nachdem 216 Silber 65,2 Zink entsprechen, so sind für
jedes Centigramm erwartetes Zink $\frac{216}{65,2} = 3{,}312$ cg Silber mindestens
hinzuzusetzen.

Die Umsetzung des Schwefelzinks und Silbernitrats tritt schon
bei gewöhnlicher Temperatur deutlich wahrnehmbar ein und ist bei
Kochhitze in $\frac{1}{2}$ Stunde vollständig erfolgt. Man filtrirt nun das
Schwefelsilber ab, wäscht das Filter aus und bringt es sammt Inhalt hierauf in einen Kochkolben, worin man das Schwefelsilber in
Salpetersäure von 1,2 spez. Gew. bei Siedehitze in Lösung bringt;
man kocht so lange, bis keine braunen Dämpfe mehr aus der
Flüssigkeit entweichen, verdünnt mit Wasser, lässt erkalten und
titrirt mit Rhodanammonium. Als Titerflüssigkeiten dienen die für
die Vollhard'sche Silberprobe dargestellte Normalsilberlösung und
die entsprechend dargestellte Rhodanammoniumlösung. Da das Zink

---

[6] Oesterr. Ztschft. f. Bg. u. Httnwsn. 1879 pag. 64.
[7] Oesterr. Ztschft. f. Bg. u. Httnwsn. 1881 pag. 35. Ztschft. f. anal.
Chem. Bd. 22 pag. 250.

durch die ihm äquivalente Silbermenge gemessen wird, so ist jeder Cubikcentimeter Rhodansalz, der bei dem Titriren verbraucht wurde, mit 0,30185 zu multipliciren, um den Zinkgehalt der Probesubstanz zu erfahren. Man kann diese Bestimmung aber auch als Restmethode durchführen, indem man die nach erfolgter Umsetzung des Schwefelzinks von dem Schwefelsilber abfiltrirte Flüssigkeit nach Zugabe eines Ferrisalzes sofort mit Rhodanammonium titrirt.

Diese Methode, auch zur Bestimmung vorzüglich des Bleies und Kupfers aus ihren Schwefelverbindungen geeignet, gewinnt noch an Werth bei vorkommenden Scheidungen dieser Metalle, beziehentlich bei der quantitativen Bestimmung derselben, indem sie den Vortheil bietet, die genannten Metalle, eines nach dem andern, mit demselben Reactiv bestimmen zu können; diese Ermittelungen geschehen nicht nur sehr rasch und genau, sondern sie schliessen, richtige Arbeit vorausgesetzt, auch keinen Fehler ein, weil eben dieselbe Titerflüssigkeit für alle diese Körper dient.

Bestimmung von Blei, Kupfer und Zink aus einer Lösung nach dieser Methode. Diese drei Metalle finden sich nicht selten in Legirungen beisammen; man hat sie zunächst gemeinschaftlich aus essigsaurer Lösung zu fällen, die vereinigten Schwefelmetalle abzufiltriren, zu waschen, die Umsetzung mit Silbernitrat vorzunehmen, das allen drei Metallen entsprechende Schwefelsilber zu lösen und mit Rhodanammonium zu bestimmen. Das Filtrat von dem Schwefelsilber enthält alle drei Metalle wieder; nach Ausfällung des überschüssigen Silbers mit Chlorwasserstoffsäure und Abscheidung des Bleies mit Schwefelsäure neutralisirt man die schwach schwefelsaure Lösung mit Soda bis zu beginnender Trübung, setzt hierauf Essigsäure bis zur Klärung der Flüssigkeit hinzu und fällt jetzt das Kupfer und Zink mit Schwefelwasserstoff, worauf man die gefällten Schwefelmetalle nach dem Abfiltriren und Auswaschen wieder mit Silberlösung umsetzt. Die Differenz in den Verbrauchsmengen zwischen dem ersten und zweiten Titriren entspricht dem Blei. Aus dem Filtrat scheidet man durch Salzsäure wieder das überschüssige Silber ab, fällt nach dem Abfiltriren desselben in der salzsauren Lösung das Kupfer allein mit Schwefelwasserstoff und bestimmt jetzt dieses für sich in gleicher Art. Die Verbrauchsmenge dieser dritten Titrirung entspricht dem Kupfer, und dieselbe der erst gefundenen, dem Blei entsprechenden Differenz hinzuaddirt und diese Summe von dem Gesammtverbrauch an Rhodansalzlösung bei dem ersten Titriren in Abzug gebracht, ergibt als Rest jene Silbermenge, welche dem Zink entspricht. War in der zu untersuchenden Substanz auch Silber gegenwärtig, so wird dieses vorweg in der ursprünglichen salpetersauren Lösung der Metalle mit Rhodanammonium bestimmt, das Rhodansilber abfiltrirt und im Filtrat, wie oben angegeben, die übrigen Metalle gefunden.

Für die Berechnung des Bleigehaltes ist die Anzahl der zu dieser Bestimmung verbrauchten Cubikcentimeter Rhodansalzlösung mit 0,95833, für die Berechnung des Kupfergehaltes ist das zu seiner Bestimmung verbrauchte Volum Rhodanammonium mit 0,29351 zu multipliciren.

Gewichtsanalytische Bestimmung des Zinks. Im Laboratorium der Bergschule zu Lüttich steht das Hampe'sche[8]) Verfahren in nur wenig modificirter Weise in Gebrauch; die Modification besteht darin[9]), dass man nach Ausfällung der durch Schwefelwasserstoff aus sauren Lösungen fällbaren Metalle und Auskochen der salpetersauren Lösung diese unter Umrühren tropfenweise in Ammoniak giesst, den abfiltrirten gewaschenen Niederschlag wieder löst und nochmal in gleicher Art behandelt; die vereinigten ammoniakalischen Filtrate aber nach dem Ansäuern mit Essigsäure auf 5 Liter verdünnt, in welchen das Zink durch Schwefelwasserstoff gefällt wird.

Von Th. Meyer[10]) wird empfohlen, die Probesubstanz in Königswasser zu lösen, das Eisen aus der Lösung nach nöthigenfalls vorhergegangener Behandlung derselben mit Schwefelwasserstoff mit Ammoniak zu fällen, das Filtrat auf ein entsprechendes Volum zu bringen und einen gemessenen Theil desselben mit Salzsäure zu neutralisiren. Aus dieser Lösung fällt man das Zink mit phosphorsaurem Natron und bestimmt dasselbe als Pyrophosphat.

Elektrolytische Bestimmung des Zinks. Die Bestimmung des Zinks durch Elektrolyse erfolgt aus neutralen Lösungen mit starken Mineralsäuren nur unvollständig, weil die am positiven Pol sich abscheidende Säure einen Theil des bereits niedergeschlagenen Zinks wieder auflöst und endlich ganz hindert, wenn in der Lösung sich eine bestimmte Menge frei gewordener Säure findet. Darum

---

[8]) Ztschft. f. d. Bg.-, Httn. u. Salinenwesen im preuss. Staate. Bd. 25 pag. 266.

[9]) Revue universelle, t. VII. No. 1. 1880 pag. 160. Bg. u. Httnmsch. Ztg. 1880 pag. 283.

[10]) Chemikerztg. 1885 pag. 1904.

wird die starke Mineralsäure durch Zufügen einer sarken Base gebunden und eine schwächere organische Säure oder ein Salz einer solchen zugesetzt, welche dann während der Elektrolyse frei wird, während die Base die Mineralsäure bindet.

Nach Parodi und Mascazzini[11]) fällt man das Zink aus seiner Lösung als Sulfat, und soll die angewendete Menge desselben nicht mehr als 0,10—0,25 g Zink enthalten; die Lösung wird mit 4 ccm Ammoniumacetat und 2 ccm Citronensäure versetzt, auf 200 ccm verdünnt, die Elektroden eingesetzt und, um Verluste durch Verspritzen zu vermeiden, das Glas mit passenden Glasplatten bedeckt. Zur Erzeugung des galvanischen Stroms verwenden dieselben eine Clamond'sche Thermosäule und geben dem Strom eine solche Stärke, dass in der Stunde 250—300 ccm Knallgas entwickelt werden. Wenn eine herausgenommene Probe mit Ferrocyankalium nicht mehr reagirt, so ist die Abscheidung beendet. Nach Absaugen der Flüssigkeit mittelst eines Hebers wäscht man den Conus mit Wasser, unterbricht den Strom, wäscht den Conus mit dem niedergeschlagenen Zink zweimal mit absolutem Alkohol und trocknet bei 40—50° C.

F. Beilstein und L. Jawein[12]) bestimmen das Zink folgends: Die salpetersaure oder schwefelsaure Zinklösung wird mit Natron bis zur Entstehung eines Niederschlages und dann so lange mit Cyankalium versetzt, bis die Lösung wieder klar wird, worauf dieselbe der Einwirkung einer Batterie von 4 Bunsen'schen Elementen ausgesetzt wird. Ist die Menge der Lösung nur gering, so erhitzt sich die Flüssigkeit stark und muss das dieselbe enthaltende Becherglas zur Abkühlung in eine Schale mit Wasser gestellt werden. Nach Ausfällung des Zinks wäscht man dasselbe an der Elektrode mit Wasser, Alkohol und Aether, trocknet und wägt sie, löst dann das Zink in Salzsäure, reinigt den Platinconus und bringt ihn nochmal zurück in die Lösung, um sich von der vollständigen Fällung des Zinks zu überzeugen.

Nach H. Reinhardt und K. Ihle[13]) verfährt man folgends: Man versetzt die möglichst neutrale Zinksulfatlösung oder Chloridlösung mit überschüssigem oxalsauren Kali, bis sich der zuerst ent-

---

11) Gazz. chim. ital. 8. Ztschft. f. anal. Chem. Bd. 18 pag. 587.

12) Ber. d. deutsch. chem. Gesellschft. 1879 pag. 446. Dingler's Journ. Bd. 232 pag. 283. Ztschft. f. anal. Chem. Bd. 18 pag. 588.

13) Journ. f. pract. Chem. Bd. 24. N. F. pag. 193.

standene Niederschlag von oxalsaurem Zink wieder gelöst hat, und
bringt die Lösung in das Becherglas, worin dieselbe elektrolysirt
werden soll; der Zwischenraum zwischen beiden Elektroden betrage
etwa 5 mm.

Das oxalsaure Zink zerfällt während der Elektrolyse in Zink
und Kohlensäure, das oxalsaure Kali in Kalium und Oxalsäure; das
Kalium wirkt secundär auf das Wasser ein, so dass am negativen
Pol reichliche Wasserstoffentwickelung stattfindet, das zugleich entstehende freie Alkali wird durch die am positiven Pol sich entwickelnde Kohlensäure in Kaliumbicarbonat verwandelt. Wenn die
Gasentwickelung am positiven Pol nachlässt, und nur noch vereinzelte
Gasblasen entweichen, so ist die Fällung nahezu vollendet. Man
prüft dann durch geringes Tiefersenken des Conus auf die vollständige Ausfällung. Es wird empfohlen, um die Entstehung der
eigenthümlichen Flecken zu vermeiden, welche das elektrisch abgeschiedene Zink auf dem blanken Platin hervorruft, die negative
Elektrode vorher zu verkupfern, wodurch auch die Beendigung der
Ausfällung leichter erkannt werden kann; der Kupferüberzug muss
aber vollkommen blank sein, sonst erscheint das Zink mit zahlreichen schwarzen, lose anhaftenden Körnchen bedeckt, welche bei
dem Abwaschen leicht herabfallen und Verluste verursachen.

Das niedergeschlagene Zink ist bläulich weiss und haftet sehr
fest auf der Elektrode; nach dem Herausnehmen wäscht man zuerst
in heissem, dann mehrmal in kaltem luftfreiem Wasser, hierauf
in Alkohol, und schliesslich in reinem Aether, und trocknet hierauf im Exsiccator, da in der Wärme das Zink leicht oxydirt.

Zur Wiederlösung des Zinks ist am besten ziemlich verdünnte,
kalte Salpetersäure anzuwenden, worin sich das Zink schon bei gewöhnlicher Temperatur ziemlich rasch löst, während die darunter
liegende Knpferschicht nur wenig angegriffen wird und mit völlig
blanker Oberfläche wieder erscheint; ein Zurückwägen der vom Niederschlag befreiten Elektrode zur Controlle ist hier nicht möglich,
weil doch etwas des Kupferüberzugs fortgelöst wird. Salzsäure für
das Weglösen des gefällten Zinks anzuwenden ist nicht zu empfehlen,
da man zum Sieden erhitzen muss und das Kupfer nur schwierig
blank wird; bei Anwendung von kalter verdünnter Salpetersäure
kann der Conus nach dem Waschen und Trocknen (und Wägen) sogleich wieder benutzt werden.

Oxalsaures Ammoniak statt des Kaliumoxalats anzuwenden ist

nicht gut, da das Zink grau und unten am Rande des Conus etwas pulverig wird. Gegenwart freier Oxalsäure oder einer der meisten anderen Säuren bei genügendem Zusatz von Kaliumoxalat ist nicht hinderlich, allein aus neutraler Lösung erfolgt die Fällung rascher, und desshalb ist zu empfehlen, saure Lösungen vorher möglichst zu neutralisiren. Anwesenheit von Salpetersäure in freiem oder gebundenem Zustande ist zu vermeiden, da sie zur Bildung von Ammonsalzen Veranlassung gibt, welche die compacte Abscheidung des Zinks verhindern; ein Zusatz von neutralem, reinem Kaliumsulfat erhöht die Leitungsfähigkeit der Lösung und ist dessen Zusatz zu empfehlen, da das gebildete Kaliumbicarbonat dem Strom einen starken Widerstand darbietet.

Th. Moore[14]) gibt an, dass aus einer schwefelsauren oder salzsauren Zinklösung bei Zufügen einer 15 %igen Lösung von Metaphosphorsäure und Erwärmen unter Zusatz von viel überschüssigem Ammoniumcarbonat bis 70° C. durch einen Strom von blos 5 ccm Knallgas pro Minute das Zink leicht und vollständig in festem, leicht und beim Trocknen ohne Oxydation sich waschen lassendem Zustande gefällt wird. Noch schneller und ebenso vollständig erfolgt die Fällung des Zinks durch Auflösen des durch Natriumphosphat zu erhaltenden Niederschlags von Zinkphosphat in Cyankalium und Zufügen von viel überschüssigem kohlensauren Ammon unter Erwärmen bis 80° C. bei Anwendung eines Stroms von 160 ccm Knallgas pro Stunde. Zink soll sich am besten auf einer silberplattirten Elektrode niederschlagen.

Nach A. Millot[15]) verfährt man bei der elektrolytischen Bestimmung des Zinks in Erzen sehr zweckentsprechend in folgender Weise: Man löst 2,5 g des Minerals in 50 ccm Salzsäure, setzt zur Oxydation des Eisens etwas Kaliumchlorat hinzu und dampft zur Trockne, um die Kieselerde abzuscheiden. Der Rückstand wird in Wasser aufgenommen und zur Ausfällung von Kalk und Blei 100 ccm Ammoniak und 5 ccm einer gesättigten Lösung von Ammoniumcarbonat zugesetzt, dann filtrirt, das Filtrat auf ½ Liter verdünnt und 100 ccm davon mit einer Lösung von 1 g Cyankalium in 100 ccm Wasser gemischt. Diese Flüssigkeit bringt man in die

---

14) Chem. News. 1886. 53 pag. 219. Chemikerztg. 1886 pag. 119. (Repertorium.)

15) Soc. chim. Paris. 1882 pag. 339. Chemikerztg. 1882 pag. 410.

Zersetzungszelle, setzt als positiven Pol einen Cylinder von Platinblech, als negativen einen Platinblechconus ein, die nur einige Millimeter von einander abstehen müssen und lässt den galvanischen Strom zweier Bunsen'scher Elemente oder eine Clamond'sche Thermosäule einwirken. Nach 9—10 Stunden ist die Ausfällung beendet; der Niederschlag ist fest anhängend und wird nach dem Auswaschen und Trocknen gewogen, das Zink dann mit Salzsäure fortgelöst und der Conus zurückgewogen.

Nach Classen wird die etwa 0,1 g Zink enthaltende, schwefelsaure Lösung auf etwa 50 ccm concentrirt, die freie Säure mit Kalilauge neutralisirt, Ammoniumoxalat in grossem Ueberschuss zugegeben, die Flüssigkeit erhitzt, dann noch 3—4 g festes Ammoniumoxalat darin aufgelöst und die heisse Lösung der Einwirkung des Stroms von zwei Bunsen'schen Elementen ausgesetzt. Das Zink scheidet sich sehr bald als bläulich weisser oder grauweisser Ueberzug an der negativen Elektrode ab. Wenn ein kleines Pröbchen der Flüssigkeit mit Schwefelammonium keine Reaction auf Zink mehr gibt und an der positiven Elektrode keine Gasentwickelung mehr stattfindet, so ist die Fällung beendet.

Das ausgeschiedene Metall löst sich nur schwierig unter Erwärmen in Säuren, es bleibt hierbei gewöhnlich ein dunkler Ueberzug auf der Schale oder dem Platinmantel, der nur durch Glühen und nochmaliges Behandeln mit Säure sich entfernen lässt.

Salpetersäure zur Lösung anzuwenden ist nicht gut, weil die Anwesenheit derselben oder selbst blos die eines Nitrates der elektrolytischen Abscheidung des Zinks in compacter Form hinderlich ist.

C. Luckow[16]) empfiehlt bei der elektrolytischen Bestimmung des Zinks aus einer schwach sauren Salzlösung mit einer starken Mineralsäure einen Tropfen Quecksilber, etwa 0,5—0,7 g in die Platinschale zu bringen, in welche dann die zu elektrolysirende, 0,10 bis 0,15 g Zink enthaltende Lösung gebracht wird, und die Schale sammt dem Quecksilber vorher zu wägen; als positiver Pol dient eine Platinspirale, die Schale wird mit dem negativen Pol der Batterie verbunden, als welche 6—8 Meidinger'sche Elemente empfohlen werden, welche einen Strom von 120—150 ccm Knallgas pro Stunde liefern. Bei der Abscheidung bildet sich ein in verdünnten Säuren

---

[16]) Chemikerztg. 1885 p g. 338.

unlösliches Zinkamalgam, welches die von der Flüssigkeit bedeckte innere Fläche der Platinschale gleichmässig überzieht; nach beendeter Ausfällung wäscht man das Amalgam mit Wasser und Alkohol, trocknet und wägt die Schale wieder.

Platin, Eisen, Nickel, Kobalt und Mangan bilden mit Quecksilber in solcher Weise keine Amalgame und es kann demnach dieses Verfahren zur Trennung des Zinks von den genannten Metallen und zur genauen Bestimmung desselben benutzt werden. Auch zur elektrolytischen Fällung des Silbers, das sich leicht in voluminöser Form abscheidet, ist diese Art der Bestimmung als Amalgam wohl geeignet.

Bestimmung des metallischen Zinks in Zinkstaub nach V. Drevsen[17]). Dieses Verfahren gründet sich auf die Reduction der Chromsäure durch das metallische Zink des Zinkstaubs; man wägt etwa 1 g des zu prüfenden Zinkstaubs ab, bringt dasselbe in ein Becherglas, gibt 100 ccm einer Lösung von Kaliumbichromat hinzu und 10 ccm verdünnte Schwefelsäure, rührt gut um, fügt nochmal 10 ccm Schwefelsäure hinzu und lässt etwa $^1/_4$ Stunde einwirken. Wenn sich fast alles bis auf einen kleinen stets zurückbleibenden Rest gelöst hat, setzt man eine überschüssige Menge verdünnter Schwefelsäure und dann 50 ccm Eisenvitriollösung hinzu und hierauf aus einer Bürette noch soviel derselben Eisenvitriollösung, bis ein Tropfen der Probelösung deutlich mit Ferricyankalium reagirt, worauf man mit der Lösung des Kaliumbichromats bis zum Verschwinden dieser Reaction zurücktitrirt.

Von dem ganzen Verbrauchsquantum an Kaliumbichromatlösung zieht man jetzt jenes Volumen ab, welches dem verwendeten Ferrosulfat entspricht, und multiplicirt das aus dem Rest sich ergebende chromsaure Kali mit 0,66113, um den Gehalt des Zinkstaubs an metallischem Zink zu finden. Es wird demnach der Rest der durch das Zink nicht reducirten Chromsäure durch Eisenoxydullösung gemessen, deren Titer gegenüber der angewendeten Bichromatlösung bekannt sein muss.

Bereitung der hierzu nöthigen Reagentien. Die Lösung des Kaliumbichromats stellt man sich dar durch Lösen von 40 g des geschmolzenen Salzes in 1 Liter Wasser, die Eisenvitriollösung durch Lösen von etwa 200 g dieses Salzes in mit Schwefel-

---

[17]) Ztschft. f. anal. Chem. Bd. 19 pag. 50.

säure stark angesäuertem Wasser, um Oxydation des Eisenoxyduls
möglichst zu verhüten.

Den Wirkungswerth beider Lösungen stellt man fest, indem
man zu 10 ccm der Eisenvitriollösung etwas Schwefelsäure zusetzt
und hierauf aus einer Bürette so lange von der Lösung des chromsauren Kali zutropfen lässt, bis ein Tropfen der Probelösung durch
Ferridcyankalium nicht mehr blau gefärbt wird.

Morse[18]) verwendet zur Werthbestimmung des Zink-

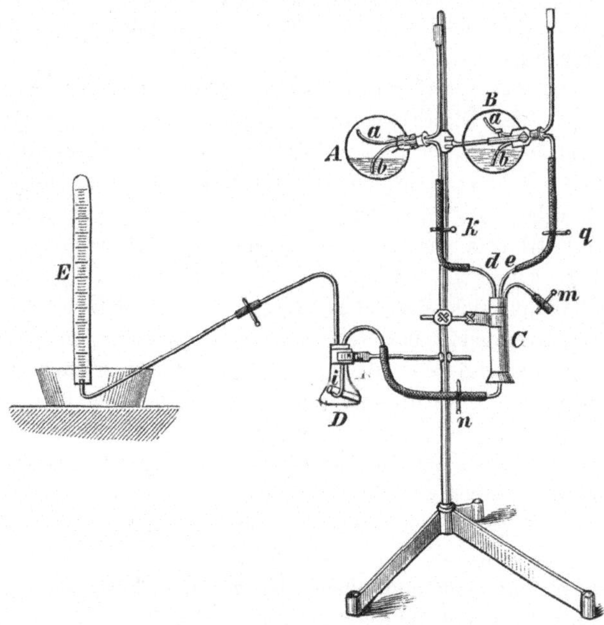

Fig. 35.

staubs den in Fig. 35 dargestellten Apparat: Die beiden Einliter-
Kolben A und B sind mit doppelt durchbohrten Pfropfen geschlossen,
in welche die beiden Glasröhren a und b eingesetzt sind; einer der
Kolben enthält zu etwa $^1/_3$ Wasser, der andere Salzsäure, und in
beiden Kolben werden die Flüssigkeiten zum Sieden erhitzt, bis die
darin eingeschlossene Luft durch die Röhren a entweicht. Will
man den Zufluss der Flüssigkeiten aus den Flaschen in das 7 cm

---

18) Amer. chem. Journ. 1885 pag. 52.

lange Rohr C unterbrechen, so schiebt man die Rohre d und e so
tief, dass die Spitzen in die Bohrungen des unteren Stopfens treten,
welche durch Glasstabstückchen geschlossen sind. Hebt man nun
das Rohr´ d, öffnet den Quetschhahn k und saugt am Schlauche m,
so füllt sich das Rohr C aus dem Kolben A. In das Röhrchen i
bringt man etwa 0,2 g Zinkstaub, fügt ausgekochtes Wasser hinzu,
mischt, und schiebt einen mit Wasser getränkten Stopfen Glaswolle
bis auf das Gemisch, dann trägt man das Rohr i in den Kolben D
ein, wie in Fig. 35 angezeigt ist, und öffnet die Quetschhähne k, q
und n, worauf nach D sofort Wasser und Salzsäure einfliessen und
die Lösung des Zinkstaubs bewirken, wobei man den Kolben D
etwas erwärmt. Das Volum des ent-
wickelten Wasserstoffs wird in dem Messrohr C gemessen. 100 ccm Wasserstoffgas entsprechen 0·2912 g Zink. Das
Rohr C ist in Fig. 36 in grösserem
Massstab dargestellt.

Eine weitere Methode zur Bestimmung
des Zinks im Zinkstaub wurde von
F. Beilstein und L. Jawein angege-
ben[19]); dieselbe gründet sich,, auf die
Wägung des durch den entwickelten
Wasserstoff bei der Lösung eines be-
stimmten Gewichtes Zink aus einem mit
Wasser gefüllten Gefäss verdrängten
Wassers.

M. Liebschütz[20]) bestimmt das
metallische Zink in der poussière nach

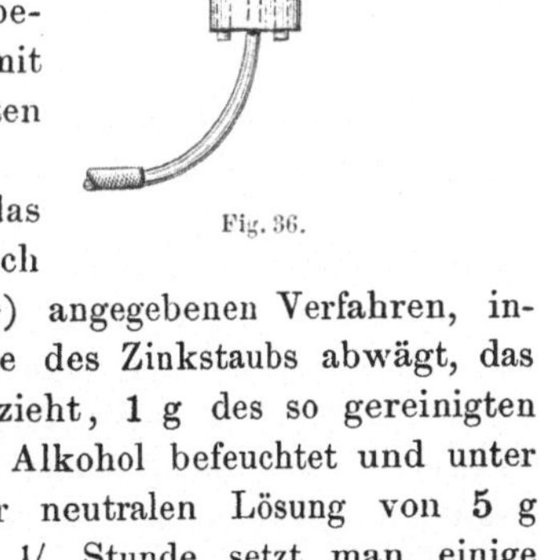

Fig. 36.

einem früher schon von Kosmann[21]) angegebenen Verfahren, in-
dem man zuerst eine grössere Menge des Zinkstaubs abwägt, das
Eisen daraus mit einem Magnet auszieht, 1 g des so gereinigten
Zinkstaubs in einem Becherglas mit Alkohol befeuchtet und unter
Umrühren und Erwärmen mit einer neutralen Lösung von 5 g
Kupfersulfat übergiesst. Nach etwa ¼ Stunde setzt man einige
Tropfen verdünnte Schwefelsäure zu, um anwesende Oxyde aufzu-

[19]) Chemikerztg. 1880 pag. 391. Dingler's Journ. Bd. 237 pag. 145.
[20]) Ztschft. f. anal. Chem. 1886 pag. 448.
[21]) Chemikerztg. 1885 pag. 1560.

lösen, filtrirt ab, wäscht vollständig mit warmem Wasser aus, löst das Kupfer und die Filterasche in Salpetersäure, macht die Lösung ammoniakalisch, misst sie auf ein bestimmtes Volum auf und titrirt mit Cyankalium in einem aliquoten Theil der Lösung das Kupfer.

F. Weil[22]) benutzt seine volumetrische Methode der Kupferbestimmung mit Zinnchlorür auch zur Bestimmung des Zinks im Zinkstaub. Man bereitet sich zunächst eine Kupferlösung, welche in 10 ccm genau 0,1 g reines Kupfer enthält; es wird empfohlen, dieselbe herzustellen durch Trocknen von chemisch reinem Kupfernitrat in einem Porcellangefäss, hierauf folgendes vollständiges Ausglühen in einem Platintiegel, Auskühlenlassen und Abwägen von 12,519 g des reinen Oxyds, das man in der Wärme in geringem Ueberschuss von Salzsäure löst und die Lösung zu 1 Liter aufmisst.

Von dieser Lösung hebt man 50 ccm mit einer Pipette in eine Porcellanschale aus, neutralisirt mit Ammoniak so weit, bis eine geringe Trübung entsteht, die nach dem Umrühren nicht verschwindet, wobei die Lösung noch ganz schwach sauer ist, und fügt jetzt 0,4 g des zu prüfenden Zinkstaubs hinzu; man lege auf das kleine Häufchen in der Schale einen zu einer flachen Spirale gewundenen Platindraht, dessen gerade gelassenes Ende aus der Flüssigkeit herausragt, um mit der Spirale von Zeit zu Zeit umrühren zu können. Das Kupfer ist in einer Porcellanschale binnen einer Stunde ausgefällt; in einer Platinschale dauert diese Fällung blos 10 Minuten. Die beendigte Ausfällung des Kupfers erkennt man durch Eintauchen eines Platindrahtes und Berühren damit den am Boden der Schale liegenden ungelösten Rest; der Draht bleibt blank, wenn alles Zink gelöst ist, beschlägt sich aber schwarz oder roth, wenn noch ungelöstes Zink vorhanden ist. Man nimmt endlich die Platinspirale heraus, wäscht sie in die Schale ab und setzt tropfenweise ein wenig Essigsäure zu, um eine klare Lösung über dem gefällten Kupfer zu erhalten. Man decantirt ab, wäscht das Kupfer mit destillirtem Wasser, misst die gesammten abdecantirten Flüssigkeiten auf ein bestimmtes Volum auf, mischt gut durch und hebt 10 ccm davon zum Titriren aus, welchen man 20—30 ccm reine Salzsäure zusetzt. Man erfährt so den Rest des von 0,5 g in Lösung gebliebenen Kupfers; 0,5 g weniger dieses Restes ist das ausgefällte Kupfer,

---

[22]) Compt. rend. 22. Nov. 1886. Génie civil. tom. X No. 7. 1886 pag. 115.

dessen Gewicht mit $\frac{65,0}{63,4} = 1,0236$ multiplicirt dem gesuchten Gehalt an metallischem Zink entspricht.

Elektrolytische Bestimmung des Cadmiums. Anhangweise seien hier auch die bekannt gewordenen Methoden zur Cadmiumbestimmung durch Elektrolyse mitgetheilt.

F. Beilstein und L. Jawein[23]) lösen das gefällte Schwefelcadmium oder Cadmiumoxyd in Salpetersäure, stumpfen zu viel freie Säure durch Kali unter Zusatz von Cyankalium bis zur Lösung des Niederschlages ab, verdünnen mit so viel Wasser, dass 75 ccm der Lösung etwa 0,2 g Cadmium enthalten, stellen dann das die Lösung enthaltende Gefäss in kaltes Wasser und lassen nach Einsetzen der Elektroden den Strom von 3 Bunsen'schen Elementen einwirken. Das gefällte hellgraue Cadmium wird zuerst mit Wasser, dann mit Alkohol abgespült u. s. f., die verbliebene Flüssigkeit aber mit Schwefelwasserstoff auf einen Rückhalt an Cadmium geprüft.

Nach Clarke[24]) schlägt sich das Cadmium aus ammoniakalischer Lösung in schwammiger, poröser, Verunreinigungen enthaltender Form ab, so dass die Resultate zu hoch ausfallen; nach E. Smith[25]) schlägt sich Cadmium aus neutraler essigsaurer Lösung, deren Concentration 1 : 50 ist, durch einen ziemlich starken Strom in krystallinischer zur Wägung geeigneter Form vollständig nieder.

Nach A. Yver[26]) lassen sich Zink und Cadmium auf elektrolytischem Wege scheiden, wenn man die Lösung, welche beide Metalle als schwefelsaure oder essigsaure Salze enthält, mit 2—3 g Natriumacetat und einigen Tropfen Essigsäure versetzt. Das Cadmium allein wird in krystallinischer Form am negativen Pol abgeschieden; bei Anwendung zweier Daniell'scher Elemente werden 0,18—0,21 g Cadmium binnen 3—4 Stunden ausgefällt. In der verbleibenden Lösung bestimmt man das Zink.

---

[23]) Berichte d. deutsch. chem. Gesellschft. 1879 pag. 446. Dingler's Journ. Bd. 232 pag. 283. Ztschft. f. anal. Chem. Bd. 18 pag. 588.

[24]) Amer. Journ. of science and arts. Bd. 16 pag. 200. Ztschft. f. anal. Chem. Bd. 18 pag. 104.

[25]) Berichte d. deutsch. chem. Gesellschft. Bd. 11 pag. 2048.

[26]) Bulletin de la société chimique. Bd. 34 pag. 18. Berichte d. deutsch. chem. Gesellschft. Bd. 13 pag. 1885.

Platin.

**Docimastisches Verfahren zur Untersuchung der Platin-
legirungen** von Nilson W. Perry[1]). Man wägt 200 mg der Legur
und 100 mg Silber genau ab, oder nimmt überhaupt so viel Silber
dazu, als zu einem vollkommenen Abtreiben erforderlich ist, wickelt
beides in Bleiblech und treibt ab. Der Silberzusatz soll die dreifache Menge des Goldes betragen, welches mit dem Platin legirt
ist, da Platin und Osmi-Irid wegen ihrer Strengflüssigkeit das
Treiben sehr erschweren, dagegen soll der Silberzusatz auch kein
zu hoher sein, weil in einem solchen Falle das abzutreibende Korn
zu gross und das Abtreiben unnützerweise erschwert wird. Der
Gewichtsverlust bei diesem Treiben entspricht dem Gehalt der Legur
an unedlen Metallen.

Den erhaltenen Metallkönig hämmert man unter wiederholtem
Ausglühen möglichst platt, walzt das Blech, wenn möglich, recht
dünn aus, bildet ein Röllchen und kocht dasselbe eine Viertelstunde
lang mit concentrirter Schwefelsäure, welche nur das Silber auflöst;
man wäscht dann den Rückstand aus, glüht ihn und wägt und erfährt nun aus dem Gewichtsverlust gegenüber der eingewogenen
Menge den Silbergehalt der Legirung. Diesen Rückstand legirt
man mit wenigstens dem zwölffachen Gewicht Silber, als Platin in
der Legur erwartet wird, indem man mit der nöthigen Menge Blei
abtreibt, das Korn plättet, rollt und nach einander in bekannter
Weise mit Salpetersäure von 1,2 und 1,3 spez. Gew. behandelt,
wobei das Platin mit dem Silber fortgelöst wird. Der von dieser
Extraction verbleibende Rückstand wird nach dem Ausglühen ge-

---

[1]) Engineer and Min. Journ. New York, 11. Januar 1879. Bg. u.
Httnmsch. Ztg. 1879 pag. 372.

wogen; der Gewichtsverlust gegen die vorhergegangene Wägung entspricht dem Platingehalt der Legur.

Weniger Silber als das zwölffache Gewicht des Platins darf man nicht nehmen, da nicht alles Platin in Lösung gehen würde, aber auch nicht viel mehr, da das Unlösliche sonst zu sehr zerrissen wird, und ein Absetzen der feinen Theilchen nicht so gut erfolgt, wodurch das Waschen erschwert und die Durchführung der Probe unnöthigerweise verzögert wird.

Das zurückbleibende Pulver behandelt man mit Königswasser, wobei das Gold in Lösung geht; der ausgewaschene und geglühte schliessliche Rückstand entspricht dem Osmi-Irid, das allein iu Königswasser unlöslich ist.

Quecksilber.

Zur Amalgamprobe. Das Erhitzen des Tiegels hat nur allmälig zu geschehen, und erst gegen Ende wird die Temperatur etwas höher gesteigert, jedoch nicht mehr als bis zum ganz schwachen Glühen des Tiegelbodens; das während des Versuchs von dem Deckel verdampfende Wasser wird immer ersetzt und der Deckel nach beendeter Probe im Luftbad getrocknet. Das Ausglühen des Deckels muss anfangs bei sehr gelinder Hitze vorgenommen werden, und erst wenn sich der Quecksilberspiegel verloren hat, wird die Temperatur bis zum Leuchten des Deckels gesteigert, da sich sonst mit dem Quecksilber Gold verflüchtigt und der Golddeckel schwammig wird. Einer Bildung von tropfenförmigem Amalgam bei Untersuchung reicherer Erze wird durch geringere Einwage begegnet. Zeigt der ausgeglühte Golddeckel nach Verflüchtigung des Quecksilbers gegenüber dem vorher gefundenen Gewicht eine Gewichtsabnahme, so rührt dieselbe von einer Verflüchtigung des Goldes her.

Diese Probe ist zu Idria als currente Betriebsprobe eingeführt, und sind daselbst die folgenden Ausgleichsdifferenzen tolerirt:

Halt der Erze	Tolerirte Ausgleichsdifferenz
0 — 0,4 %	0,04 %
0,4 — 0,7 -	0,06 -
0,7 — 1,0 -	0,08 -
1,0 — 3,0 -	0,15 -
3,0 — 5,0 -	0,20 -
5,0 — 10,0 -	0,25 -
10,0 — 20,0 -	0,35 -
20,0 — 30,0 -	0,45 -
30,0 bis zum höchsten Halt	0,50 -

Für Aufsuchung von Quecksilbermengen unter 0,001 g hat Teuber[1]) das folgende Verfahren angegeben: Die trockene und fein ge-

---

[1]) Oesterr. Ztschft. f. Bg. u. Httnwsn. 1879 pag. 423.

pulverte Probesubstanz wird in dem in Fig. 37 in ³/₄ natürlicher Grösse
dargestellten Porcellantiegel mit wohl getrockneter Eisenfeile und
etwas Minium gemengt, auf eine Schicht Minium in den Tiegel gebracht, mit Eisenfeile bedeckt, der Deckel aufgelegt und lutirt, der
Tiegel dann über die Lampe gesetzt und allmälig vorsichtig erwärmt.
Man steigert nun sehr langsam die Temperatur bis zu kaum bemerk-
barem Glühen des Tiegelbodens, wobei man die kleinen anfangs an
der Mündung des Deckelröhrchens allenfalls sich zeigenden Wasser-
tropfen von Fliesspapier aufsaugen lässt; dann setzt man auf den
1 mm weiten, röhrenförmigen Deckelansatz das Goldschälchen auf
und füllt es mit Wasser. Die Untersuchung ist in wenigen Minuten
beendet und das Quecksilber an der vom Dampfe getroffenen Stelle
des Goldschälchens deutlich als Metallspiegel wahrzunehmen. Ist

der Spiegel von Quecksilber nicht gar
zu dünn, so lässt sich das Vorhan-
densein dieses Metalls dadurch bestätigen, dass man auf den Spiegel
ein kleines Tröpfchen Salpetersäure
bringt, diese über dem Wasserbade
abdunstet und das gebildete Queck-
silbernitrat mit einem Streifchen Filtrirpapier sanft betupft, welches man
mit verdünnter Jodkaliumlösung befeuchtet hat, worauf sofort die charak-
teristische rothe Färbung des Queck-
silberjodids eintritt.

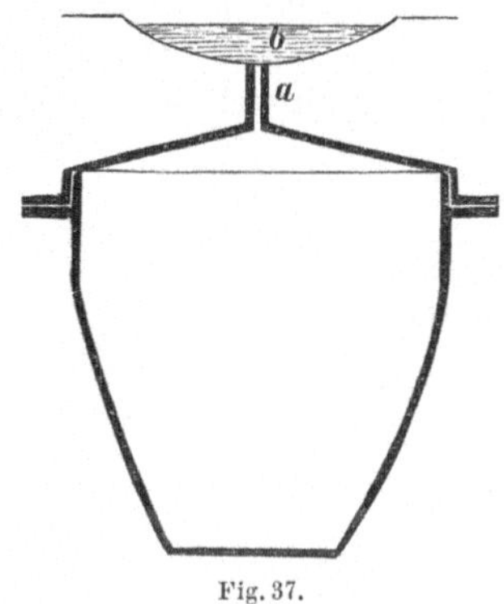
Fig. 37.

Elektrolytische Bestimmung des Quecksilbers nach L. de
la Escosura[2]). Man bringt 0,5 g Erz mit 20 ccm Wasser und
10—15 ccm Salzsäure in einer Porcellanschale zum Sieden, fügt sodann in kleinen Portionen 0,5—1,0 g Kaliumchlorat hinzu, verdünnt
nach erfolgter Zersetzung mit 50 ccm Wasser und vertreibt durch
fortgesetztes Kochen das freie Chlor. Zur Abscheidung von Selen
und Tellur werden hierauf 20—30 ccm einer gesättigten Lösung von
Ammoniumsulfit hinzugefügt und wieder einige Minuten gekocht.
Nach einer halben Stunde, während welcher Zeit sich der unlösliche
Rückstand abgesetzt hat, filtrirt man; das Filtrat betrage etwa

---

[2]) Journ. Pharm. Chim. 1886 (6) Sér. 13 pag. 411. Chemikerztg. 1886
pag. 100.

200 ccm. Man benutzt als negative Elektrode ein Blech von reinem Golde, als positive ein Platinblech und lässt den galvanischen Strom 24—30 Stunden einwirken; die Gewichtszunahme des Goldblechs entspricht dem Quecksilbergehalt. Als Stromquelle dienen zwei Bunsen'sche Elemente.

Man kann aber auch derart verfahren, dass man das fein gepulverte Erz in einer Platinschale mit einem Gemisch von Wasser, Salzsäure und Ammoniumsulfit behandelt, wozu man von 10procentigen Erzen blos 0,2 g, von einem 0,1 % enthaltenden Erz 10 g einwägt, die Platinschale als negativen Pol benutzt und eine 4 cm im Durchmesser haltende Scheibe von Goldblech mit angelöthetem Golddrath als positiven Pol einhängt. Das Quecksilber ist in 24 Stunden ausgefällt. Den galvanischen Strom liefern 6 Meidinger'-sche Elemente in der Modification von Pinkus.

Diese Bestimmungen sollen höchst genau sein und stehen zu Almaden ausschliesslich in Anwendung.

Zinn.

Elektrolytische Bestimmung des Zinns in Legirungen[1]).
Eine kleine Menge der zinnhaltenden Legur wird mit Salpetersäure
digerirt, bis alles Zinn in Oxyd überführt ist, der Ueberschuss der
Säure abgedampft, mit Wasser verdünnt und das Zinnoxyd abfiltrirt. Nach dem Auswaschen mit salpetersäurehaltendem Wasser
löst man dasselbe in möglichst wenig heisser, concentrirter Salzsäure, verdampft im Wasserbade bis fast zur Trockne, verdünnt mit
Wasser und versetzt die Lösung mit überschüssigem Ammoniumoxalat. Oxalsaures Kali kann hier nicht zur Anwendung kommen,
weil sich am positiven Pol ein basisches Salz abscheidet, das nicht
reducirt wird.

Auch aus salzsaurer Lösung scheidet sich das Zinn durch Elektrolyse sehr gut ab; es bildet stets einen schönen silberweissen Beschlag auf dem Platin.

Untersuchung des Zinns.

Bestimmung von Blei im Zinn[2]). Im Municipallaboratorium
zu Paris ist nach Roux die folgende Methode üblich: 2,5 g des
Metalls werden in einem $^1/_4$ Literkolben mit 15 ccm Salpetersäure
behandelt und die salpetrigen Dämpfe durch Kochen ausgetrieben,
sodann 40 ccm einer gesättigten Lösung von Natriumacetat zugefügt
und der Kolben bis zur Marke aufgefüllt. Nach Absetzen des Niederschlags werden 100 ccm der klaren überstehenden Flüssigkeit
ausgehoben, 10 ccm einer titrirten Lösung von Kaliumbichromat

---

[1]) A. Classen, Qnantit. Anal. auf elektrolyt. Wege. Aachen 1882.
[2]) Bull. soc. Chim. Bd. 35 pag. 596. Chemikerztg. 1881 pag. 441.

(7,13 g im Liter) zugefügt, das Bleichromat absetzen gelassen, wieder
10 ccm des chromsauren Kali zugesetzt und derart fortgefahren, bis
die überstehende Flüssigkeit einen Ueberschuss von Bichromat an-
zeigt. Man filtrirt jetzt ab, wäscht den Niederschlag aus und bestimmt das überschüssige Bichromat mittelst einer Lösung von 75 g
Ammoniumferrosulfat und 25 g Schwefelsäure pro Liter.

Bestimmung von Zinn in Zinnhärtlingen nach R. Fresenius und E. Hintz[3]). Man behandelt etwa 3 g der möglichst
fein zerkleinerten Probesubstanz mit Königswasser in der Wärme,
verdünnt mit Wasser, filtrirt den unlöslichen Rückstand ab und
wäscht mit Ammoniumnitrat haltendem Wasser aus. Das Filtrat
macht man mit Natronlauge alkalisch und digerirt längere Zeit in
der Wärme mit überschüssigem Schwefelnatrium, das hierbei entstehende Präcipitat wird abfiltrirt und wiederholt in gleicher Weise
mit Schwefelnatrium extrahirt.

Der von der Lösung der Probesubstanz verbliebene unlösliche
Rückstand wird getrocknet, möglichst vom Filter getrennt, dieses
bei niedriger Temperatur verascht, die Asche mit dem Rückstand
vereinigt, mit Schwefelleber geschmolzen und die Schmelze in Wasser
aufgenommen und abfiltrirt.

Dieses Filtrat wird mit den in oben angegebener Weise erhaltenen Extracten vereinigt, mit Salzsäure angesäuert, und der neu
erhaltene Niederschlag mit Bromsalzsäure behandelt, dann filtrirt
und das Filtrat mit Chlorkalium versetzt auf dem Wasserbade eingeengt, worauf, wenn sich hier noch Wolframsäure ausscheiden
sollte, nochmal filtrirt werden muss. Im Filtrate fällt man das
Zinn mit salpetersaurem Ammon; die bei dem Behandeln mit Bromsalzsäure ausgefallene, so wie die bei dem Abdampfen sich aus-
scheidende Wolframsäure wird mit dem 5fachen Gewicht Cyankalium geschmolzen, wobei man etwa darin befindliches Zinn als Metall erhält, während die Wolframsäure in die Lösung übergeht.

Der mit salpetersaurem Ammon erhaltene Niederschlag wird in
gleicher Art mit Cyankalium geschmolzen, wobei man ebenfalls das
Zinn in metallischem Zustande erhält, das abgeschlämmt, aber ein
hierbei in Wasser unlöslicher, nicht metallischer Rückstand wiederholt mit Cyankalium umgeschmolzen wird, indem man die resulti-
renden Zinnkügelchen jedesmal ausschlämmt und auslest.

---

[3]) Ztschft. f. anal. Chem. Bd. 24 pag. 412.

Ein schliesslich doch verbleibendes graues Pulver, sowie das aus der Wolframsäure erhaltene unreine Zinn werden wieder mit Schwefelleber geschmolzen, die Schmelze in Wasser aufgenommen, filtrirt, das Filtrat mit Schwefelsäure angesäuert und die ausfallenden Schwefelmetalle getrocknet. Man bringt sie hierauf in ein Porcellanschiffchen und erhitzt sie im Wasserstoffstrom. Der hierbei verbleibende Rückstand wird bei Luftzutritt erhitzt, mit Cyankalium geschmolzen und das resultirende Zinn mit der Hauptmasse vereinigt, bei 100° C. getrocknet und gewogen. Da aber dieses Zinn noch nicht völlig rein ist, löst man das Zinn in Salzsäure, wobei die Verunreinigungen theils ungelöst zurückbleiben, theils als Wasserstoffverbindungen entweichen, welche letzteren in Silberlösung aufzufangen und so wie die ungelöst gebliebenen weiter zu bestimmen sind. Nach Abzug des so gefundenen Gewichts der Verunreinigungen ergibt sich erst der Gehalt an reinem Zinn.

Nickel.

Volumetrische Bestimmung von Nickel und Kobalt nach
E. Donath[1]. Dieselbe beruht auf dem folgenden Verhalten der
beiden Metalloxyde: Versetzt man eine Kobaltlösung mit überschüssiger Kali- oder Natronlauge und Jod und bringt zum Kochen, so
wird das Kobalt vollständig in Oxyd übergeführt, während Nickel-
oxydul unverändert bleibt; Brom jedoch oxydirt auch das Nickel
höher.

Man verfährt demnach folgends: Man theilt die aufgemessene
Lösung beider Metalle in zwei gleiche Theile, versetzt die eine
Hälfte mit Kalilauge und Brom und kocht, wodurch beide Metalle
als Sesquioxyde gefällt werden, in der andern Hälfte fällt man blos
das Kobaltoxyd durch Versetzen mit Kalilauge und festem Jod oder
einer gesättigten Lösung desselben in Jodkalium. Die auf dem
Filter gut ausgewaschenen Niederschläge werden von den Filtern in
Kölbchen gespült und mit Salzsäure darin gekocht, das sich entwickelnde Chlor aber in Jodkaliumlösung aufgefangen, wozu man
sich des bekannten von F. Mohr für die massanalytische Bestimmung des Mangans angegebenen Apparates bedient. Die Zersetzung
erfolgt nach der Gleichung:

$$R_2 O_3 + 6\,HCl = 2\,R\,Cl_2 + 3\,H_2\,O + 2\,Cl.$$

Es entspricht demnach 1 Atom Jod auch 1 Atom Kobalt oder
Nickel; man misst das bei dem Kochen beider Niederschläge frei gewordene Jod mit $^1/_{10}$ unterschwefligsaurem Natron, und die Differenz beider Verbrauchsquanten entspricht dem Gehalte an Nickel,
welche mit 0,0059 multiplicirt das Gewicht desselben angibt, während bei der einen Probe blos das gefällte Kobalt gemessen wird,
und die Anzahl der verbrauchten Cubikcentimeter ebenfalls mit

<hr>

[1] Oesterr. Ztschft. f. Bg. u. Httnwsn. 1879 pag. 550.

0,0059 multiplicirt (da die Atomgewichte beider Metalle gleich sind) blos dem letzteren Metall entsprechen.

Elektrolytische Bestimmung des Nickels. Zur Untersuchung neucaledonischer Erze oder überhaupt solcher Erze, welche weder Schwefel noch Arsen enthalten, empfiehlt A. Allen[2]) das folgende Verfahren: 2 g des Erzes werden in einem Platintiegel mit Kaliumbisulfat unter Zusatz von etwas Salpeter geschmolzen, die Schmelze wird dann mit heissem Wasser behandelt, der Rückstand mit etwas Salzsäure ausgekocht und das Ganze filtrirt. Man neutralisirt hierauf vorsichtig mit Ammon, versetzt mit Ammoniumacetat im Ueberschuss und kocht, wobei Eisen, Thonerde und Chromoxyd gefällt werden; der Niederschlag wird in Salzsäure gelöst und in gleicher Weise nochmal gefällt. Die vereinigten Filtrate werden gekocht, mit Ammoniak soweit versetzt, dass immer noch etwas Essigsäure vorwaltend ist und in die heiss zu erhaltende Lösung Schwefelwasserstoff eingeleitet. Den Niederschlag von Nickel- und allenfalls von Kobaltsulfür wäscht man mit Schwefelwasserstoff und Ammoniumacetat enthaltendem Wasser, spült ihn dann vom Filter und löst ihn in Salpetersäure unter Zusatz von etwas Schwefelsäure, worauf man Ammon im Ueberschuss zusetzt, einen geringen sich bildenden Niederschlag abfiltrirt und die ammoniakalische Lösung in einer Platinschale der Elektrolyse unterwirft, wobei man blos darauf zu sehen hat, dass die Lösung stets ammoniakalische Reaction zeige.

Bei allen elektrolytischen Fällungen des Nickels (Kobalts) muss die Lösung der Metalle stets einen genügenden Ueberschuss von freiem Ammon enthalten; Gegenwart von Ammoniumsulfat begünstigt, Anwesenheit von Chlorammonium oder salpetersaurem Ammon beeinträchtigt oder verhindert die Abscheidung der Metalle; aber auch allzuviel Ammon verlangsamt die Operation, da es dem elektrischen Strom bedeutenden Widerstand entgegensetzt.

Um die Beendigung der Ausfällung zu erkennen, wird das von C. O. Braun hierzu vorgeschlagene Kaliumsulfocarbonat empfohlen, das auf Nickel sehr empfindlich reagirt; die Fällung ist beendet, wenn die Flüssigkeit, die das Nickel enthält, nur noch sehr schwach rosenroth gefärbt wird.

Nach der Methode von Classen verfährt man bei der Nickel-

---

2) Bullet. de la Société d'Encouragement. t. VI pag. 36 (1879).

bestimmung genau so, wie für die Bestimmung des Zinks angegeben wurde; bei Untersuchung von Bronzen wird zuerst aus der schwefelsauren Lösung das Kupfer gefällt.

Elektrolytische Bestimmung von Kupfer, Kobalt und Nickel in Speisen nach W. Ohl[3]). 1 g der fein geriebenen Speise wird in einem an 300 ccm fassenden bedeckten Becherglase mit Salpetersäure oder Königswasser aufgeschlossen und die Lösung zur Trockne gedampft; man übergiesst den trockenen Rückstand 5 mm hoch mit reiner concentrirter Salzsäure und verdünnt nach geschehener Lösung bis zur halben Höhe des Glases mit Wasser. In die heisse Lösung wird Schwefelwasserstoff eingeleitet, bis sie erkaltet ist, die Lösung dann warm gestellt und nochmals mit Schwefelwasserstoffgas bis zum Erkalten behandelt. Man stellt hierauf wieder so lange warm, bis kein Geruch nach Schwefelwasserstoff mehr bemerkbar ist, wenn blos Schwefelarsen gefällt wurde; ist aber der Niederschlag nicht rein gelb, sondern missfarbig (also kupferhaltend), so filtrirt man ab, so lange die Flüssigkeit noch nach Schwefelwasserstoff riecht und wäscht mit schwefelwasserstoffhaltendem Wasser, wenn dagegen blos Arsen gefällt wurde, mit kaltem reinen Wasser aus. Das Kobalt und Nickel haltende Filtrat wird unter Zusatz von etwas Kaliumchlorat zur Oxydation des Eisens zur Trockne gebracht, der Rückstand mit Wasser und etwas Salzsäure aufgenommen, mit reiner Sodalösung bis zur alkalischen Reaction versetzt, hierauf der Niederschlag durch Zufügen von Essigsäure gelöst, stark verdünnt und zum Kochen erhitzt. Man filtrirt ab und wäscht mit heissem Wasser aus, bis ein Tropfen des Waschwassers mit Schwefelammonium keine Trübung mehr hervorruft. Ist auch Zink gegenwärtig, so wird jetzt Essigsäure zugesetzt und das Zink vorher durch Einleiten von Schwefelwasserstoff ausgefällt, das Schwefelzink abfiltrirt, das Filtrat zur Trockne gedampft, der Rückstand mit Wasser und Schwefelsäure aufgenommen, mit Ammoniak übersättigt und die Lösung dem galvanischen Strom ausgesetzt. Ist kein Zink anwesend, so fällt die letzte Behandlung mit Schwefelwasserstoff fort; das Zink wird als Schwefelzink in bekannter Weise bestimmt.

Nach eingetretener Entfärbung der Nickel- und Kobaltlösung prüft man ein Pröbchen derselben mit Schwefelammonium auf die

---

[3]) Ztschft. f. anal. Chem. **Bd. 18** pag. 523.

vollständige Ausfällung. Ohl hält nun für genügend, durch eine zweite Probe auf trockenem Wege den Nickelgehalt allein und aus der Differenz der Gewichte den Kobaltgehalt zu ermitteln; empfehlenswerther aber ist es jedenfalls, nach Weglösen der Metalle in Salpetersäure das Kobalt mit Kaliumnitrit abzuscheiden, das gelbe Salz dann zu lösen und nach Uebersättigen mit Ammon jetzt das Kobalt allein elektrolytisch zu bestimmen. Die trockene Probe würde bei schärferer Arbeit denn doch nicht genügen, da Ohl selbst angibt, dass man so nur bis auf 0,2 % genaue Resultate erhält.

Bei gleichzeitiger Gegenwart von Kupfer und Arsen soll die Trennung beider folgends bewerkstelligt werden: Man leitet in die ursprüngliche, nöthigenfalls filtrirte und erkaltete Lösung langsam Schwefelwasserstoff ein; das Schwefelkupfer flockt sich dann gut ab und lässt die darüber stehende Flüssigkeit gegen das Licht gehalten klar erscheinen. Auf diese Weise soll sich das Kupfer vom Arsen ziemlich scharf trennen lassen. Man filtrirt das Schwefelkupfer ab, wäscht aus, bringt das Filter sogleich sammt Inhalt in ein Becherglas, worin man mit Salpetersäure löst, zur Trockne dampft, in 20 ccm Salpetersäure aufnimmt, mit Wasser auf 200 ccm verdünnt, und ohne von dem zerstörten Filter abzufiltriren, die Lösung der Einwirkung einer galvanischen Batterie aussetzt. Bei geringem Arsengehalt wird das Kupfer früher niedergeschlagen, als das Arsen; die von Kupfer befreite Lösung vereinigt man mit dem Filtrat vom Schwefelkupfer, fällt das Arsen mit Schwefelwasserstoff vollständig aus, filtrirt das Schwefelarsen ab, löst es in Königswasser, übersättigt mit Ammon und fällt es als Ammonmagnesiumarseniat.

Zeigt sich bei der elektrolytischen Ausfällung des Nickels und Kobalts noch etwas Eisen, so wird dasselbe abfiltrirt, mit der Hauptmasse des Eisenniederschlags vereinigt, alles in Salzsäure gelöst, und das Eisen mit Zinnchlorür titrimetrisch bestimmt.

Ist auch Antimon gegenwärtig, so wird dasselbe durch zweimaliges Eindampfen der gefällten Schwefelmetalle mit Salpetersäure als antimonsaures Antimonoxyd abgeschieden.

Antimon.

Volumetrische Bestimmung des Antimons mit Zinnchlorür
nach F. Weil. Hat man auf Antimon allein zu prüfen, so wägt
man je nach der Reichhaltigkeit der Probepost 2—5 g davon ein,
löst dieselben in Königswasser und überschüssiger Salzsäure, fügt
ein wenig Kaliumpermanganat bis zu bleibender Rosafärbung der
Lösung zu und kocht so lange, bis die rothe Farbe wieder verschwindet und Jodkaliumstärkepapier durch die entweichenden
Dämpfe nicht mehr gebläut wird; die so erhaltene, das Antimon als
Antimonsäure enthaltende Lösung verdünnt man bis auf $^1/_4$ Liter
mit einer wässerigen Lösung von Weinsäure, hebt 25 ccm zur Probe
aus und setzt eine gemessene Menge einer Kupfervitriollösung von
bekanntem Kupfergehalt hinzu. Dieses Gemisch wird zum Sieden
erhitzt, 25 ccm concentrirte Salzsäure zugesetzt und die siedende
Lösung mit Zinnchlorür bis zur Entfärbung titrirt. Der Wirkungswerth
der Zinnchlorürlösung auf das Kupfer muss bekannt sein; nachdem
man demnach die Anzahl Cubikcentimeter an Zinnchlorürlösung,
welche der zugesetzten Menge Kupfersalz entsprechen, kennt, ergibt der Mehrverbrauch das dem Antimon entsprechende Volumen
an Reactiv. Berechnet man das diesem Volumen entsprechende
Kupfer und multiplicirt man die gefundene Zahl mit 0,96214, so gibt
das Product den Antimongehalt der Probesubstanz, denn

$$Sb\,Cl_5 + Sn\,Cl_2 = Sn\,Cl_4 + Sb\,Cl_3$$
$$\text{und}\ 2\,Cu\,Cl_2 + Sn\,Cl_2 = Sn\,Cl_4 + 2\,Cu\,Cl,$$

es entspricht demnach 1 Aequivalent Antimon 2 Aequivalenten
Kupfer, also $\dfrac{Sb}{2\,Cu} = \dfrac{122}{126{,}4} = 0{\cdot}96214$.

Zur raschen Auffindung der Resultate dieser Probe dient die
folgende Tabelle:

Titer der Zinnchlorürlösung für 0·1 g metallisches Kupfer in Cubikcentimetern	Verbrauchte Cubikcentimeter Zinnchlorürlösung auf 25 ccm Probelösung (2 g = 250 ccm) entsprechen Antimon in Procenten									
	1	2	3	4	5	6	7	8	9	10
15·0	**3**·20	**6**·40	**9**·61	**12**·81	**16**·01	**19**·22	**22**·42	**25**·63	**28**·83	**32**·03
15·1	18	36	55	73	**15**·92	10	29	47	66	**31**·84
15·2	15	31	46	62	77	**18**·93	09	24	40	55
15·3	13	27	40	54	68	81	**21**·95	09	22	36
15·4	11	23	35	46	58	70	82	**24**·93	05	17
15·5	09	19	29	39	49	58	68	78	**27**·88	**30**·98
15·6	07	15	23	31	39	47	55	63	70	78
15·7	05	11	17	23	29	35	41	47	53	59
15·8	04	08	12	16	20	24	28	32	36	40
15·9	02	04	06	09	11	13	16	18	20	23
16·0	00	00	00	00	00	01	01	01	01	01
16·1	**2**·98	**5**·96	**8**·94	**11**·93	**14**·91	**17**·89	**20**·92	**23**·86	**26**·84	**29**·82
16·2	96	92	88	85	81	77	74	70	66	63
16·3	94	88	83	77	72	66	60	55	49	44
16·4	92	84	77	69	62	54	47	39	32	24
16·5	91	83	74	66	57	49	30	32	23	15
16·6	89	79	68	58	48	37	29	16	06	**28**·96
16·7	87	75	62	50	38	25	13	01	**25**·88	76
16·8	85	71	57	43	28	14	00	**22**·86	71	57
16·9	83	67	51	35	19	02	**19**·86	70	54	38
17·0	82	65	48	31	14	**16**·97	79	62	45	28
17·1	80	61	42	23	04	85	66	47	28	09
17·2	79	58	37	16	**13**·95	74	53	32	11	**27**·90
17·3	78	56	34	12	90	68	46	24	02	80
17·4	76	52	28	04	80	56	32	09	**24**·85	61
17·5	74	48	22	**10**·96	70	45	19	**21**·93	67	41
17·6	73	46	19	92	66	39	12	85	59	32
17·7	71	42	13	85	56	27	**18**·99	70	41	13
17·8	70	40	11	81	51	22	92	62	33	03
17·9	68	36	05	73	42	10	79	47	15	**26**·84
18·0	66	33	**7**·99	66	32	**15**·99	65	32	**23**·98	65
18·1	65	31	96	62	27	93	58	24	89	55
18·2	62	25	87	50	13	75	38	00	73	26
18·3	61	23	85	47	08	70	32	**20**·94	55	17
18·4	60	21	82	42	03	64	25	85	46	07
18·5	59	19	79	39	**12**·98	58	18	78	37	**25**·97
18·6	58	17	76	35	94	52	11	70	29	88
18·7	56	13	70	27	84	41	**17**·98	55	12	68
18·8	55	11	67	22	79	35	91	47	03	59
18·9	54	08	62	16	70	24	78	32	**22**·86	40
19·0	52	06	59	12	65	18	71	24	77	30
19 1	51	02	53	04	55	06	57	08	54	11
19·2	50	00	50	00	50	00	51	01	51	01
19·3	49	**4**·98	47	**9**·96	45	**14**·95	44	**19**·93	42	**24**·91
19·4	47	94	41	89	36	83	30	78	25	72
19·5	46	92	38	85	31	77	24	70	16	63
19·6	45	90	35	81	26	72	17	62	08	53
19·7	43	86	30	73	17	60	03	47	**21**·90	34
19·8	42	84	27	69	12	54	**16**·97	39	82	24
19·9	41	82	24	66	07	49	90	32	73	14
20·0	40	81	21	62	02	43	83	24	64	05

Gleichzeitig anwesendes Eisen, Kupfer und Antimon können mittelst Zinnchlorür sehr rasch und scharf bestimmt werden. Man löst in Königswasser auf, trennt die Metalle durch Schwefelwasserstoff, filtrirt, oxydirt im Filtrat mit Kaliumchlorat, setzt Salzsäure zu und nach Aufmessen zu $^1/_4$ Liter titrirt man das Eisen. Die gefällten Schwefelmetalle werden in Königswasser gelöst, stark eingedampft, noch Salzsäure zugesetzt, auf $^1/_4$ Liter aufgemessen und zugleich Kupfer und Antimon titrirt. Man lässt dann die Porcellanschale mit der titrirten Flüssigkeit über Nacht stehen, wobei das Kupfer allein wieder völlig oxydirt wird, und titrirt des andern Tags blos das Kupfer. Die Differenz an Verbrauchsquantum entspricht dem Antimon.

Zur Berechnung des Eisengehaltes multiplicirt man die Anzahl der zur Titrirung des Eisens verbrauchten Cubikcentimeter mit 0,883.

Gewichtsanalytische Bestimmung von Antimon. Bei dem Zusammenschmelzen einer Probesubstanz (Erz) mit 3 Theilen kohlensaurem Natronkali und 3 Theilen Schwefel nach Becker[1]) erhält man stark gefärbte, hoch geschwefelte Verbindungen enthaltende wässerige Auszüge, die schon an der Luft oft Schwefel abscheiden und bei der Zersetzung mit Salzsäure grosse Mengen Schwefel mitfallen lassen, welcher Umstand für die späteren Arbeiten sehr misslich ist. E. Donath[2]) macht nun aufmerksam, dass sich zu gleichem Zwecke viel besser das von A. Fröhde[3]) vorgeschlagene Natriumhyposulfit eignet, welches man vorher durch vorsichtiges Schmelzen in einer Schale völlig entwässert und fein gepulvert hat. Das Aufschliessen geht rasch und sicher vor sich und man erhält von der Schmelze nur schwach gefärbte Extracte, aus welchen Salzsäure die betreffenden Sulfide mit nur wenig Schwefel gemengt ausfällt. Für die Auswage empfiehlt sich besser die Bestimmung des Schwefelantimons als solches, weil, wie schon von Bunsen nachgewiesen wurde, durch die Ueberführung desselben als antimonsaures Antimonoxyd keine exacte Bestimmung zu erzielen ist.

Elektrolytische Bestimmung des Antimons. Nach Parodi und Mascazzini[4]) kann man das Antimon aus der Lösung des

---

[1]) Ztschft. f. anal. Chem. Bd. 17 pag. 185.

[2]) Ztschft. f. anal. Chem. Bd. 19 pag. 23.

[3]) Poggendorff, Annal. Bd. 119 pag. 317. (IV. Reihe. Bd. 29.)

[4]) Gazz. chim. ital. 8. Ztschft. f. anal. Chem. Bd. 18 pag. 588.

Chlorürs in weinsteinsaurem Ammoniak oder aus seinem Sulfosalz in compacter Form abscheiden.

Nach Luckow[5]) ist dieser Niederschlag aus dem Trichlorid hellgrau und metallglänzend, sehr schwer in Salzsäure, leicht in Salpetersäure, namentlich nach dem Anfeuchten mit Salzsäure löslich. Aus den Lösungen des Brechweinsteins fällt das Antimon leicht und vollständig regulinisch nieder.

Nach Classen lässt sich das Antimon aus salzsaurer Lösung abscheiden, aber das Metall haftet nicht genug fest an der Elektrode, auch dann nicht, wenn Kaliumoxalat zugefügt wird; setzt man noch Alkalitartrat hinzu, so haftet zwar der Niederschlag fest, aber die Abscheidung geht zu langsam vor sich.

Aus der Lösung seines Sulfosalzes erfolgt die Abscheidung des Antimons vollständig als schöner hellgrauer Ueberzug, wenn kein zu starker Strom angewendet wird. Zu diesem Zweck schmilzt man bei gelinder Wärme 0,2 g des antimonhaltenden Probematerials mit dem vierfachen Gewicht eines Gemenges von Soda und Schwefel, laugt die Schmelze mit warmem Wasser aus, filtrirt, übergiesst den Rückstand auf dem Filter wiederholt mit heissem, gelbem Schwefel-ammonium, wäscht endlich mit Wasser und elektrolysirt direct das erkaltete Filtrat. An der positiven Elektrode wird hierbei zwar eine Ausscheidung von Schwefelantimon beobachtet, welches jedoch immer wieder reducirt wird, wenn Schwefelammonium im Ueberschuss anwesend ist, doch darf die Lösung kein Mehrfachschwefelalkali enthalten, wodurch die Ausführbarkeit des Versuchs und die Genauigkeit der Resultate beeinträchtigt werden. Diese Bestimmungsmethode eignet sich namentlich zur Untersuchung von Hartblei.

Später haben Classen und Ludwig[6]) gefunden, dass die Polysulfide der Alkalien ebenso wie die Monosulfide durch Wasserstoffsuperoxyd in Sulfate überführt werden. Dieselben empfehlen demnach, den das Antimon und Blei als Schwefelmetalle enthaltenden Niederschlag mit dem zehnfachen Gewicht entwässerten unterschwefligsauren Natrons zu schmelzen, die Schmelze mit Wasser zu extrahiren und den Auszug in eine sorgfältig gereinigte, tarirte Platinschale zu bringen, worin man unter Zusatz von ammoniaka-

---

[5]) Ztschft. f. anal. Chem. Bd. 19 pag. 13.

[6]) Berichte d. deutsch. chem. Gesellsch. 1885. Bd. 18 pag. 1104. Chemikerztg. 1885 pag. 891.

lischem Wasserstoffsuperoxyd erwärmt, bis die Lösung farblos geworden ist oder in der farblosen Flüssigkeit sich ein Niederschlag
von Schwefelantimon gebildet hat. Zu der erkalteten Lösung fügt
man 10 ccm einer concentrirten Lösung von Natriummonosulfid hinzu
und elektrolysirt; der Strom soll 1,5—2 ccm Knallgas pro Minute
entwickeln, wozu zweckmässig 5—6 Meidinger'sche Elemente genommen werden. Die Ausfällung ist in 10—12 Stunden beendet; der
Niederschlag wird mit Wasser und Alkohol gewaschen, kurze Zeit
bei 80—100° getrocknet und zur Wage gebracht.

Uran.

Gewichtsanalytische Bestimmung des Urans. Nach G. Alibegoff[1]) lässt sich Uran von Calcium mittelst Schwefelammonium nicht trennen, dagegen wird das Uran vollständig durch Quecksilberoxyd niedergeschlagen, wenn es als Chlorid in der Lösung enthalten ist. Um nun bei Gegenwart von alkalischen Erden überhaupt das Uran rein auszufällen, wird empfohlen, der die Chloride enthaltenden Lösung genügend Salmiak zuzusetzen, sodann zum Sieden zu erhitzen und einige Zeit darin zu erhalten, worauf wenig reines, aufgeschlemmtes Quecksilberoxyd hinzuzufügen ist; sodann wird umgeschwenkt, nochmals aufgekocht, decantirt, bei Anwesenheit von viel alkalischen Erden noch mehrmal mit chlorammoniumhaltigem Wasser aufgekocht, endlich filtrirt und mit kaltem, Salmiak haltendem Wasser ausgewaschen. Geringe, nach dem Ausglühen dem olivengrünen Uranoxydoxydul noch anhaftende Antheile alkalischer Erden geben sich durch gelb bis orange gefärbte Partikelchen von Erduranaten zu erkennen. Das Ausglühen des Niederschlags sammt Filter im Platintiegel muss anfangs vorsichtig geschehen, worauf man im offenen Tiegel und schliesslich über dem Gebläse glüht. Anwesender Baryt wird vorher am zweckmässigsten mit Schwefelsäure abgeschieden, da die Trennung des Urans vom Baryt unvollständig ist.

Massanalytische Bestimmung des Urans. Nach Cl. Zimmermann[2]) lassen sich die Uranoxydsalze in salzsaurer Lösung desshalb nicht gut bestimmen, weil sie in Uransubchlorür ($Ur_4 Cl_3$) überführt werden, welche Verbindung höchst unbeständig ist. Es soll aber

---

[1]) Liebig's Annal. d. Chem. 1886. Bd. 233 pag. 143. Chemikerztg. 1886 (Repert.) pag. 152.

[2]) Liebig's Annal. d. Chem. Bd. 213 pag. 285. Ztschft. f. anal. Chem. Bd. 23 pag. 63.

die Bestimmung des Urans auch in salzsaurer Lösung möglich werden, wenn man den störenden Einfluss der Salzsäure durch Zugabe von Mangansulfat aufhebt (siehe pag. 40) und die Titration bei Ausschluss der atmosphärischen Luft vornimmt.

Man soll desshalb die Uranverbindung in einem Kölbchen bei Luftabschluss mit Zink und Salzsäure reduciren, wobei die anfangs gelbe Farbe der Lösung in Grün übergeht, später aber schmutzig grün, braun und endlich prachtvoll roth sich färbt. Wenn diese Farbe sich nicht mehr ändert, ist die Reduction beendet.

Man hat indessen in eine Porcellanschale eine bekannte überschüssige Menge Chamäleonlösung gebracht, mit Schwefelsäure stark angesäuert, Mangansulfat hinzugegeben; man giesst dann rasch die noch heisse Lösung von Uransubchlorür hinzu. Der Ueberschuss von Chamäleon wird mit Eisenoxydullösung, deren Titer auf das Permanganat bekannt ist, fortgenommen und schliesslich das zu viel zugesetzte Eisenoxydul mit demselben Chamäleon wieder bis zum Eintritt einer schwachen Rosafärbung zurückgemessen.

Methode der Uranbestimmung mittelst Kaliumdichromat und Jod. Nach Cl. Zimmermann[3]) verfährt man in der Weise, dass man die Lösung der reducirten Oxydsalze in einer Porcellanschale mit Salzsäure ansäuert und eine überschüssige Menge einer Kaliumbichromatlösung von bekanntem Gehalt zusetzt, wodurch das Uranoxydul in Oxyd überführt wird. Man verdünnt dann auf 150 ccm mit Wasser und setzt unter beständigem Umrühren eine Auflösung von Jodkalium hinzu, wodurch von dem im Ueberschuss verbliebenen Bichromat Jod ausgeschieden wird; dieses Jod wird nun unter Zusatz von Stärkekleister mit einer Lösung von unterschwefligsaurem Natron von bekanntem Wirkungswerth bestimmt und schliesslich wieder titrirte Jodlösung bis zur eintretenden ganz schwachen Bläuung der Flüssigkeit zutropfen gelassen.

Bei einer vorkommenden Bestimmung von Uransubchlorür wird die reducirte Lösung in die überschüssige, mit Salzsäure versetzte Lösung von chromsaurem Kali einlaufen gelassen und sonst wie oben angegeben verfahren.

---

[3]) Ztschft. f. anal. Chem. Bd. 23 pag. 65.

Chrom.

Massanalytische Bestimmung des Chroms. Methode von
J. Sell[1]. Dieselbe beruht auf der Oxydation des Chromoxyds zu
Chromsäure durch übermangansaures Kali und Messen der gebildeten
Chromsäure mit Jod und unterschwefligsaurem Natron.

Zur Aufschliessung des Chromeisensteins empfiehlt Sell 1 g des
Erzes mit dem 10fachen Gewicht eines Gemenges von 1 Aequivalent
Kaliumbisulfat mit 2 Aequivalenten Fluorkalium 15 Minuten lang
zum Schmelzen zu erhitzen, dann etwa das dreifache Gewicht der
Probesubstanz an Kaliumbisulfat zuzugeben und nach hinlänglicher
Einwirkung desselben nochmal die gleiche Menge dieses Salzes hin-
zuzufügen. Nach geschehener Aufschliessung lässt man erkalten, löst
in heissem, mit Schwefelsäure angesäuertem Wasser auf, erhitzt zum
Sieden und setzt während des Siedens so lange verdünnte Chamäleonlösung nach und nach in kleinen Mengen zu, bis die schliesslich
eingetretene Rothfärbung auch nach einigen Minuten während des
Kochens nicht verschwindet. Hierauf wird kohlensaures Natron bis
zu schwach alkalischer Reaction und Alkohol hinzugegeben, die alles
Chrom als Alkalichromat enthaltende Lösung abfiltrirt, in ein Kochkölbchen gebracht, concentrirte Salzsäure zugegeben, gekocht und
das in dem vorgelegten Jodkalium frei gewordene Jod mit Natriumhyposulfit gemessen. Ein Cubikcentimeter der Zehntelnormallösung
des Natronsalzes entspricht 0,0016746 Chrom oder 0,002549
Chromoxyd.

H. Petersen[2] oxydirt die durch Kochen von 0,5 g einer chromhaltenden Legur (Chromstahl) mit 35 ccm verdünnter Schwefelsäure

---

[1] Journ. of the chem. soc. 35 pag. 292. Ztschft. f. anal. Chem.
Bd. 20 pag. 113.
[2] Oesterr. Ztschft. f. Bg. u. Httnwsn. 1884 pag. 462.

erhaltene Lösung nach Verdünnen mit 100—200 ccm Wasser in Siedehitze mit Chamäleon bis zum Eintritt stärkerer Ausscheidung von Mangandioxyd, filtrirt, lässt erkalten, verdünnt auf 1 Liter, reducirt mit Eisendoppelsalz und titrirt den Ueberschuss mit Chamäleon.

Methoden zur Aufschliessung des Chromeisensteins. Als solche werden empfohlen:

Von Calvert — zweistündiges Glühen von 1 Gewichtstheil Chromerz mit 3—4 Gewichtstheilen Natronkalk, dem man $^1/_4$ des Gewichts Natronsalpeter zugesetzt hat.

Von Hart — Schmelzen von 8 Gewichtstheilen Borax und Eintragen von ein Gewichtstheil des feinen Erzpulvers in die Schmelze, welcher man nach halbstündigem Erkühlen in heller Rothgluth noch so lange trockenes, kohlensaures Natron zusetzt, als noch ein Aufbrausen entsteht, worauf man unter Umrühren noch 3 Theile eines Gemisches aus gleichen Theilen Soda und Salpeter bestehend nachträgt.

Von Hager — Mengen von ein Theil des Erzes mit 3 Theilen Fluornatrium, Eintragen in ein kleines Graphittiegelchen, Bedecken mit 12 Theilen gepulverten Kaliumbisulfats und Erhitzen zum Schmelzen. Nach 5 Minuten soll alles ruhig fliessen und nach weiteren 5 Minuten zähe werden, womit die Aufschliessung beendet ist.

Von J. Fels wird empfohlen, die so erhaltene grüne Schmelze, welche das Chrom als Fluorid enthält, abkühlen zu lassen, dann chlorsaures Kali zuzugeben und neuerdings zu schmelzen; nach wenigen Minuten ist die Masse gelb und die Aufschliessung vollständig.

Von J. Clouet — Erhitzen von 0,5 g des Erzes mit dem drei-, besser mehrfachen Gewicht reiner calcinirter Soda 3 Stunden hindurch bei der intensivsten Flamme eines Bunsenschen Gebläses, wonach die Aufschliessung vollkommen erfolgt.

Von F. Storer — Einbringen von 0,5 g des geschlämmten Erzes in eine Porcellanschale, Zusetzen von 50 ccm Salpetersäure von 1,37 spez. Gew. und Eintragen von chlorsaurem Kali während des Erwärmens über dem Wasserbad oder der Lampe; das Chlorat und die verdampfende Säure müssen zeitweilig ersetzt werden.

Von A. Mitscherlich und C. Philipps — Einbringen von 0,5 g des Chromerzes mit 8 ccm Schwefelsäure von 1,34 spec. Gew.

in eine Röhre von böhmischem Glase und Zuschmelzen derselben; bei einer Temperatur von 250—300⁰ C. in einem Oelbad erfolgt die Lösung binnen 10 Stunden vollkommen. Diese Aufschliessung ist indess wegen möglichen Zerspringens der Glasröhre gefährlich.

Von F. Smith — Zersetzen des fein gepulverten Erzes mit viel Bromwasser und einigen Tropfen Brom in zugeschmolzenen Röhren mehrere Tage lang bei 130—170⁰ Temperatur. Diese Methode braucht viel Zeit und die Glasröhren betreffend siehe oben.

Von F. Clarke — Mengen des feingeriebenen Chromeisensteins mit 3 Theilen Fluornatrium oder Kryolith, Bedecken mit dem 12 fachen Gewicht Kaliumbisulfat und Schmelzen in einem bedeckten Platintiegel.

Wolfram.

Dieses Metall wurde bis nun in keinem der Lehrbücher über „Probirkunde" abgehandelt, es gewinnt indess dasselbe immer mehr an Wichtigkeit, wesshalb das über die Bestimmungsmethoden des Wolframs bekannt Gewordene hier nicht mehr ausgelassen werden darf.

Es ist blos eine Mineralspezies, welche in Betracht zu ziehen kommt, der Wolframit, wesentlich $FeWO_4$, jedoch stets auch mehr weniger manganhältig, in reinem Zustande mit 76,4 Proc. Wolframsäure oder 60,5 Wolframmetall.

Der Wolframit ist braunschwarz, gibt einen röthlichbraunen oder schwärzlichbraunen Strich, ist fett- bis diamantglänzend und von 7,14—7,54 spez. Gew. Vor dem Löthrohr auf Kohle schmilzt er zu einer magnetischen Kugel mit krystallisirter Oberfläche, mit Borax gibt er die Reaction auf Eisen, mit Soda auf Platinblech die Reaction des Mangans; mit Phosphorsalz gibt die Wolframsäure in der inneren Flamme eine schöne blaue Perle, welche, so lange sie heiss ist, grün erscheint, von Wolframit ist diese Perle wegen seines Eisengehaltes blutroth.

Das Wolfram gelangt in der Eisenindustrie entweder als Metall oder als Wolframsäure zur Verwendung; neuerer Zeit werden zu gleichem Zweck auch Wolframlegirungen dargestellt.

Das metallische Wolfram ist nach Gold und Platin das spezifisch schwerste aller übrigen Metalle (17,0—17,6), es ist sehr hart und spröde, besitzt die Farbe und den Glanz des Eisens, bleibt an der Luft unverändert, entzündet sich aber in fein vertheiltem Zustand zu Rothgluth erhitzt und verbrennt zu Wolframsäure. Es ist äusserst strengflüssig und wurde für sich noch nicht zum Schmelzen gebracht.

Probe auf Wolfram auf trockenem Wege.

Durch Schmelzen des Wolframits in mit Kohle gefütterten Tiegeln bei sehr hoher Temperatur erhält man einen harten, spröden, blättrigen, dem weissen Roheisen ähnlichen Metallkönig, welcher Wolfram, Mangan und Eisen enthält, und dessen Wolframgehalt sich nur auf nassem Wege ermitteln lässt.

Wolframbestimmungen auf nassem Wege.

Massanalytische Bestimmung des Wolframs. Methode von Zettner[1]). 0,5—1,0 g des fein gepulverten Wolframits werden mit 4 Theilen kohlensaurem Natronkali oder mit 3 Theilen kohlensaurem Natron und 1 Gewichtstheil Salpeter in einem Platintiegel über einem Bunsen'schen Brenner aufgeschlossen, die Schmelze mit heissem Wasser ausgezogen, filtrirt, der Ueberschuss des Alkali in dem erhitzten Filtrat mit Essigsäure neutralisirt, sodann mit derselben Säure schwach angesäuert, hierauf zum Sieden gebracht und Bleiacetatlösung so lange aus einer Bürette zulaufen gelassen, bis bei weiterem Zusatz kein Niederschlag mehr entsteht. Das Ende der Ausfällung gibt sich durch ein rascheres Klären der Flüssigkeit zu erkennen; man setzt dann vorsichtig nur tropfenweise von der Bleilösung zu, filtrirt gegen Schluss kleine Portionen der Wolframlösung in bereit gehaltene Reagensgläschen, um darin eine Fällung leichter wahrnehmen zu können, und wenn hier noch ein Niederschlag entsteht, giesst man alles wieder zurück und prüft in dieser Art weiter bis zu vollendeter Präcipitation. Die Anzahl Cubikcentimeter Bleilösung mit 0,0116 multiplicirt gibt die Menge der in der Flüssigkeit enthaltenen Wolframsäure, welche 79,31 Procent Wolfram enthält.

Herstellung der Titerflüssigkeit. Man bereitet sich eine Zehntelbleilösung, durch Auflösen von 18,950 g höchst reiner Bleizuckerkrystalle, säuert dieselbe schwach mit Essigsäure an und verdünnt auf 1 Liter; den Wirkungswerth derselben prüft man, indem man 11,6 g reine, geglühte Wolframsäure durch Schmelzen mit kohlensaurem Natron und Aufnahme der Schmelze in Wasser in Lösung bringt, diese Flüssigkeit schwach mit Essigsäure ansäuert

---

[1]) Poggendorff, Annal. Bd. 130 pag. 16. Ztschft. f. anal. Chem. Bd. 6 pag. 229.

und nun versucht, ob die Bleilösung gleichwerthig ist, beziehentlich durch Versuche beider Lösungen gleichwerthig stellt.

Gewichtsanalytische Bestimmung des Wolframs. Methode von Scheele. Der höchst fein gepulverte Wolframit wird mit einem Ueberschuss von Salzsäure, der man zuletzt Salpetersäure zufügt, mehrmal zur Trockne gedampft und die gebildeten Klümpchen vor jedem neuen Zusatz von Salzsäure sorgfältig zerdrückt, wobei die Schale jedesmal bis 120° C. im Luftbade erhitzt wird; der schliessliche Rückstand wird mit salzsaurem Wasser behandelt und die ausgeschiedene Wolframsäure abfiltrirt, geglüht und gewogen. Die Digestion muss so lange fortgesetzt werden, bis das braune Wolframpulver in das gelbe der Wolframsäure übergegangen ist. War das angewendete Wolframerz nicht rein, so enthält die Wolframsäure Kieselerde und unzersetzte Silicate; man spült in einem solchen Falle, der übrigens der gewöhnlich vorkommende sein wird, die Wolframsäure vom Filter in ein Bechergläschen und übergiesst mit Ammoniak, welches die Wolframsäure löst. Das Ammonwolframiat wird abfiltrirt, der Rückstand auf dem Filter gut ausgewaschen, geglüht und gewogen und von dem früher erhaltenen Gewicht in Abzug gebracht; zur Controlle verdampft man das wolframsaure Ammon, wobei sich zum Theil ein saures Salz in schwer löslichen glänzenden Schuppen ausscheidet. Nach dem Abdampfen zur Trockne glüht man und wägt die reine Wolframsäure; sie stellt dann blassgelbe Schuppen dar.

Methode von Berzelius. Das Erz wird mit dem doppelten Gewicht an kohlensaurem Natron geschmolzen, die Schmelze mit heissem Wasser ausgezogen, das freie Alkali so weit neutralisirt, dass die Flüssigkeit kaum sauer ist, und salpetersaures Quecksilberoxydul im Ueberschuss zugesetzt; der Niederschlag wird mit etwas dasselbe Salz enthaltenden Wassers gewaschen und nach dem Trocknen geglüht, wobei die Wolframsäure rein zurückbleibt. Nach Scheibler[2]) ist es gut, nach geschehener Fällung der Flüssigkeit einige Tropfen Ammoniak zuzusetzen, bis der weisse Niederschlag braunschwarz erscheint.

Methode von Margueritte. Die durch Aufschliessen mit Soda erhaltene Lösung wird mit überschüssiger Schwefelsäure auf dem Wasserbad verdampft, der Rückstand gelinde bis zur Verjagung

---

[2]) Ztschft f. anal. Chem. Bd. 1 pag. 71.

der freien Schwefelsäure erhitzt, dann in Wasser aufgenommen und das zweifach schwefelsaure Alkali abfiltrirt. Die auf dem Filter zurückgebliebene Wolframsäure wird nach dem Trocknen vom Filter gelöst, das Filter verascht, mit der Wolframsäure in ein Tiegelchen gebracht, diese mit einigen Tropfen Salpetersäure durchfeuchtet, dieselbe dann fortgeraucht und die Wolframsäure geglüht. So erhaltene Säure nimmt bei dem Glühen leichter durch Desoxydation eine grünlich blaue Farbe an, welcher Umstand jedoch auf das Resultat ohne Einfluss sein soll.

Methode von A. Cobenzl[3]). Das durch feine Leinwand gebeutelte Probirgut wird in einem Kölbchen mit concentrirter Salpetersäure übergossen und unter jeweiligem Zusatz von Salzsäure auf dem Wasserbade bis zur Aufschliessung erwärmt; nach 5—6 Tagen ist ausser der rein gelben Wolframsäure kein dunkel gefärbtes Pulver mehr zu sehen. Man dampft hierauf zur staubigen Trockne ein, nimmt in sehr verdünnter Salpetersäure wieder auf, dampft nochmal ein und wiederholt diese Operationen noch dreimal, dann nimmt man in verdünnter Salpetersäure und etwas Weinsäure (wegen etwaigen Antimongehaltes) auf, erwärmt auf 100° C., filtrirt, wäscht zuerst mehrmal durch Decantation, dann auf dem Filter mit heissem Wasser die Wolframsäure nebst den nicht aufgeschlossenen Silicaten und der Kieselerde, und übergiesst nun den Filterinhalt mit sehr verdünntem Ammon, wobei die Wolframsäure sich löst, die Silicate und Kieselerde aber zurückbleiben. Das wolframsaure Ammoniak wird dann in einem tarirten Porcellantiegel zur Trockne gebracht, geglüht und die zurückbleibende rein strohgelbe Säure sammt Tiegel wieder gewogen.

Ueber Untersuchung von Wolframverbindungen und Wolframbronzen finden sich Mittheilungen im „Journal für practische Chemie", neue Folge, Bd. 27, pag. 49.

Trennung des Wolframs vom Zinn. Gewöhnlich werden nur die rein geschiedenen Partien des Wolframits in den Handel gesetzt; mit demselben kommen häufig Schwefelmetalle und Arsenmetalle vor, welche durch Digestion mit Königswasser zu entfernen sind, bevor noch auf Wolfram geprüft wird; der häufigste Begleiter des Wolframs aber ist das Zinn, und ebenso umgekehrt, und nicht selten ist eine Trennung der beiden Metalle vorzunehmen.

---

[3]) Monatshefte für Chemie etc. Sitzungsber. der kaiserl. Akad. d. Wissenschaften zu Wien. 1881, April, pag. 259.

Nach H. Talbott gelingt dies leicht, wenn man das Gemenge beider Oxyde mit Cyankalium, das vorher gepulvert und geschmolzen wurde, innig mengt, das Gemenge in einem Porcellantiegel schmilzt, die Schmelze mit heissem Wasser extrahirt und in dem erhaltenen wolframsauren Kali nach einer der vorher angegebenen Methoden die Wolframsäure bestimmt. Die Lösung muss jedoch vorher zur Zerstörung des überschüssigen Cyankaliums mit Salpetersäure gekocht und die Wolframsäure durch ein Alkali wieder in Lösung gebracht werden. Zur Ausfällung der Wolframsäure wird Hydrarygronitrat empfohlen.

Mangan.

Volumetrische Methoden der Manganbestimmung. Verfahren von Vollhard[1]). Diese Methode der Manganbestimmung gründet sich auf die Beobachtung, dass das Manganoxydul durch Uebermangansäure nur dann vollständig als Manganhyperoxyd gefällt wird,

$$3 \, Mn \, O + Mn_2 \, O_7 = 5 \, Mn \, O_2,$$

wenn Kalk-, Magnesia-, Baryt- oder Zinksalze gegenwärtig sind, während bei Abwesenheit derselben eine Verbindung von Manganüberoxyd mit wechselnden Mengen Manganoxydul gefällt wird und sich demnach ein Theil des Mangans der Messung entzieht.

Wärme und Concentration beschleunigen die Bildung und Ausscheidung des Hyperoxydes, Verdünnung und Säurezusatz verzögern die Reaction; Salzsäure darf nicht anwesend sein, Schwefelsäure verzögert die Ausscheidung. Kleine Mengen von Eisenoxydsalzen sind zwar in der angesäuerten Lösung ohne störenden Einfluss, in der neutralen Lösung aber verhindern sie die Abscheidung des Niederschlags, und die Farbe der Lösung ist nicht gut erkennbar. Zur Entfernung des stets in grösserer Menge sich vorfindenden Eisenoxyds wird mit Wasser aufgeschlämmtes Zinkoxyd (vorher ausgeglühtes Zinkweiss) zugesetzt, wodurch sämmtliches Eisenoxyd als Zinkoxyd haltendes Hydroxyd niedergeschlagen wird. Sonstige neben Mangan vorkommende Metalle üben keinen störenden Einfluss aus.

Ausführung der Probe. 2 g fein gepulvertes Erz werden mit einem Gemisch von 3 Volumen verdünnter Schwefelsäure (von 1,13 spez. Gew.) und 1 Volumtheil Salpetersäure (von 1,4 spez. Gew.) in Lösung gebracht, und diese zur Trockne gedampft. Der Rück-

---

1) Annal. d. Chem. Bd. 198 pag. 318. Dingler's Journ. Bd. 235 pag. 387. Bg. u. Httnmsch. Ztg. 1880 pag. 150. Oesterr. Ztschft. f. Bg. u. Httnwsn. 1880 pag. 168.

stand wird mit Salpetersäure digerirt, dann mit Wasser verdünnt und die Lösung in einen Halbliterkolben gespült, der Säureüberschuss hierauf durch Zugabe von Aetznatron neutralisirt und das Eisenoxyd mit aufgeschlämmtem Zinkoxyd gefällt, welches man so lange unter Umschütteln zusetzt, bis die über dem dunklen Niederschlag stehende Flüssigkeit milchig getrübt erscheint. Nach beendeter Ausfällung verdünnt man bis zur Marke, lässt absetzen und filtrirt durch ein trockenes Filter. Von dem klaren Filtrat misst man 100 ccm in ein Kochkölbchen ab, setzt einen Tropfen Salpetersäure zu, erwärmt bis nahe zum Sieden und titrirt nun mit Chamäleonlösung bis zum Eintritt der blassrothen Farbe der Flüssigkeit, worauf man nochmal erwärmt und umschüttelt, um zu sehen, ob die Färbung bleibend ist. Sollte jetzt Entfärbung eingetreten sein, wird weiter titrirt.

Titerbestimmung des Chamäleons. Vollhard[2]) empfiehlt eine jodometrische Titerstellung des Chamäleons. 10 ccm einer 5procentigen Jodkaliumlösung werden mit 150—200 ccm Wasser verdünnt, 4—5 Tropfen Salzsäure zugesetzt und unter Umrühren 20 ccm des Chamäleons zulaufen gelassen, wobei Jodkalium im Ueberschuss vorhanden sein muss; das frei gewordene Jod wird mit Natriumhyposulfit titrirt, das Natriumsalz aber zur Vergleichung mit Kaliumbichromat gemessen, welches ebenfalls in saurer Jodkaliumlösung Jod ausscheidet.

Von Meinecke[3]) wurde diese Manganprobe modificirt (siehe Artikel „Eisen").

Methode von Hampe[4]). Von Hampe stammen die beiden folgenden massanalytischen Methoden:

a) Man zersetzt 1 g Probesubstanz (Eisen, Ferromangan) in einem grösseren Kolben mit langem Halse mit 20 ccm Salpetersäure von 1,2 spez. Gew. und fällt das Mangan aus der sehr concentrirten, freie Säure enthaltenden Lösung durch Kaliumchlorat oder Kaliumbromat als Superoxyd, indem man 8—10 g eines der genannten Salze in festem Zustande in 2—3 Portionen nach je etwa 10 Minuten einträgt; hierauf erhält man die Lösung 1½ Stunden im Sieden, verdünnt mit viel heissem Wasser, filtrirt über Asbest ab und bringt den Niederschlag sammt dem Asbest unter Zugabe einiger Körnchen

---

[2]) Ztschft. f. anal. Chem. Bd. 20 pag. 274.
[3]) Repert. f. anal. Chem. Bd. 3 pag. 337.
[4]) Chemikerztg. 1883 pag. 1106. Bg. u. Httnmsch. Ztg. 1883 pag. 537.

von Natriumbicarbonat in denselben Kolben zurück, in welchem die Auflösung und Fällung vorgenommen wurde. Man setzt nun verdünnte Schwefelsäure und eine gemessene Menge Ferroammoniumsulfatlösung hinzu, erwärmt nach Verschluss des Kolbens mit einem Kautschuckventil im Sandbad bis zum Verschwinden des dunkelbraunen Niederschlages, lässt abkühlen und titrirt mit Chamäleon das zu viel zugesetzte Ferrosulfat zurück. Man wägt für die Titerflüssigkeiten zweckmässig 14,2817 g Eisendoppelsalz und 1,15095 g Permanganat ein, welche Gewichtsmengen man je zu 1 Liter löst; die beiden Lösungen sind gleichwerthig, und entspricht 1 ccm davon 0,001 g Mangan.

b) Man löst 0,25—1,0 g Ferromangan in einer bedeckten Porcellanschale in 20 ccm Salpetersäure von 1,2 spez. Gew., setzt 2 g festes Ammoniumnitrat hinzu, dampft auf dem Wasserbade zur Trockne, erhitzt dann stärker (jedoch nicht bis zum Glühen), bis keine rothen Dämpfe mehr entweichen, um die Nitrate zu zersetzen, und fügt 20—40 ccm einer Phosphorsäure von 1,7 spez. Gew. zu. Die Oxyde werden auf der Porcellanschale mit einem Glasstabe zertheilt, die Schale bedeckt und im Luftbad bis 140° C. erhitzt (nicht höher, um der Bildung unlöslicher Salze vorzubeugen), worauf nach 6—10 Stunden schön violettes Manganiphosphat und farbloses Ferriphosphat zurückbleiben. Wenn keine schwarzen Körner mehr wahrzunehmen sind, löst man in 300—400 ccm Wasser auf und titrirt mit einer Ferroammoniumsulfatlösung, welche man pro Liter mit 10 ccm Schwefelsäure angesäuert hat, bis zum Verschwinden der Purpurfarbe. Die bei dieser Bestimmung zu verwendenden Titerflüssigkeiten werden für den gleichen Wirkungswerth, wie vordem angegeben wurde, d. i. für 0,001 g Mangan pro 1 Cubikcentimeter blos halb so stark hergestellt, weil hier die Reaction nach

$$Mn_2O_3 + 2\,Fe\,O = 2\,Mn\,O + Fe_2O_3,$$

während bei der vordem angeführten Probe die Reaction nach

$$Mn\,O_2 + 2\,Fe\,O = Mn\,O + Fe_2O_3$$

verläuft.

Methode von Belani[5]). Das modificirte Verfahren zur Manganbestimmung in Eisenerzen wird derart ausgeführt, dass man 0,5—2,0 g des Erzes in einem etwa ½ Liter fassenden Erlenmeyer'schen Kolben

---

[5]) Stahl und Eisen. 1886 pag. 152.

mit 25—40 ccm Salzsäure von 1,19 spec. Gew. unter Erwärmen löst, und wenn Eisenoxydul oder Manganoxydul in dem Erze vorhanden ist, kocht man die Erzlösung weiter unter Zusatz von 10 ccm Salpetersäure von 1,4 spez. Gew. pro 1 g Erz. Nach erfolgter Lösung spült man den Kolbeninhalt sammt Rückstand in einen $1/_2$ Liter fassenden Messkolben und neutralisirt mit Zinkoxydmilch (aufgeschlämmtem Zinkoxyd). Das weitere Verfahren ist dem von Vollhard angegebenen gleich. Bei sehr geringem Eisengehalt erscheint die Flüssigkeit milchig getrübt, bei mehr Ferrihydroxyd erfolgt die Fällung plötzlich. Ein Plus an Zinkoxyd ist unschädlich. Nach der Fällung wird bis zur Marke aufgefällt, abfiltrirt und 250 ccm des Filtrats zur Prüfung genommen.

Elektrolytische Manganbestimmung. Nach C. Luckow[6] muss, wenn das Manganperoxyd fest auf der positiven Polfläche haften soll, die das Mangan enthaltende Lösung neutral oder nur sehr wenig sauer und der Strom nicht zu sark sein; in sehr verdünnten Lösungen, die mit viel Salpetersäure oder mit einer Mischung von Salpetersäure und Schwefelsäure angesäuert wurden, bildet sich die an ihrer characteristischen rothen Farbe leicht erkennbare Uebermangansäure.

Nach Schucht[7] verhindert die Gegenwart organischer Säuren, sowie auch die Anwesenheit von Eisenoxydul, Chromoxyd oder von Ammoniaksalzen die Bildung der Uebermangansäure; bei längerer Einwirkung des Stroms löst sich das Superoxyd in Form von Blättchen los.

---

[6] Ztschft. f. anal. Chem. Bd. 19 pag. 17.
[7] Ztschft. f. anal. Chem. Bd. 22 pag. 494.

Arsen.

Gewichtsanalytische Bestimmung des Arsens nach Pearce[1]). Auf den Werken der Boston- and Colorado Smelting Company wird der Arsengehalt in Arsenerzen, Kupfererzen und Hüttenproducten in folgender Weise bestimmt: Die fein gepulverte Probesubstanz wird mit dem 6—10 fachen Gewicht eines Gemenges aus gleichen Theilen Soda und Kalisalpeter in einem geräumigen Porcellantiegel geschmolzen, die Masse 5 Minuten im Flusse erhalten und die erkaltete Schmelze mit warmem Wasser behandelt, worin sich das Alkaliarseniat löst; man filtrirt ab, säuert das Filtrat mit Salpetersäure an, kocht zur Austreibung der Kohlensäure und der salpetrigen Säure und neutralisirt die abgekühlte Flüssigkeit vorsichtig derart, dass in der mit Ammoniak zuerst alkalisch gemachten und dann wieder schwach angesäuerten Lösung durch wenige Tropfen Ammoniak eine ganz schwache Alkalität hervorgerufen wird. Im Falle sich hierbei Thonerde ausgeschieden hätte, wird abfiltrirt und im Filtrat die Arsensäure mit Silbernitrat gefällt; das Silberarseniat wird auf einem Filter gesammelt, mit kaltem Wasser gewaschen und entweder mit Blei angesotten und abgetrieben, oder man löst das Präcipitat in verdünnter Salpetersäure und titrirt mit Rhodansalz. Aus dem gefundenen Silbergehalt berechnet man nach der Formel $(Ag_3 As O_4)_2$ den entsprechenden Arsengehalt; es entspricht ein Gewichtstheil Silber 0,23148 Gewichtstheilen Arsen.

Gegenwart von Antimon ist unschädlich, weil es als unlösliches Natriumantimoniat bei dem Lösen der Schmelze im Rückstande verbleibt, dagegen dürfen Phosphor und Molybdän nicht anwesend sein,

---

[1]) Engin. and Min. Journ. Bd. 35 pag. 256. Bg. u. Httnmsch. Ztg. 1883 pag. 392.

weil sie sich ähnlich wie Arsen verhalten und die Resultate zu hoch ausfallen würden.

Bei der Bestimmung des Arsens als Ammonmagnesiumarseniat ist zu beachten, dass nach Bunsen's Untersuchungen dieses Salz sehr lange Zeit (42 Stunden) zum Trocknen braucht, indem es das Krystallwasser erst nach dieser Zeit bei einem stetigen Erhitzen auf 105° C. verliert[2]).

---

[2]) Liebig's Annal. d. Chem. Bd. 192 pag. 305. Ztschft. f. anal. Chem. Bd. 18 pag. 264.

Schwefel.

Zur Lechprobe. Auf den niederungarischen Hütten werden die Lechproben von drei Probirern ausgeführt und ohne Unterschied des Lechgehalts 5 Procent Probendifferenz als ausgleichbar tolerirt.

Betriebsprobe zur Bestimmung des Schwefelrückhalts im Röstgut[1]). Auf den oberschlesischen Zinkhütten wird die fortschreitende Röstung in folgender Weise controllirt. Der Arbeiter bringt eine Schaufel in das Feuer des Röstofens, und wenn dieselbe rothglühend geworden, wird sie herausgenommen und etwa 2 g Kaliumchlorat darauf gegeben, welches sehr bald schmilzt; auf die Schmelze wird dann etwas von dem zu untersuchenden Röstgut aufgestreut. Findet hierbei kein Aufleuchten, kein Verbrennen von einzelnen Körnchen mehr statt, so ist die Blende vollständig abgeröstet; erglüht nur hie und da ein Körnchen, so gibt man sich auch zufrieden, denn das Röstgut enthält dann erfahrungsgemäss nur noch gegen ein Procent Schwefel, welcher jedoch den späteren Destillationsprocess sehr wenig mehr beeinträchtigt. Ueber ein Procent Schwefel soll das Röstgut nicht enthalten.

Gewichtsanalytische Bestimmung des Schwefels in Pyriten. Nach G. Lunge[2]) wird 1 g des höchst fein gepulverten und gebeutelten Minerals mit etwa dem 50 fachen Gewicht Königswasser (aus 1 Theil rauchender Salzsäure und 3—4 Theilen Salpetersäure von 1,36—1,40 spez. Gew. bereitet) übergossen, und wenn nicht sofort eine Reaction eintritt, auf dem Wasserbad so lange erwärmt, bis eine lebhafte Einwirkung erfolgt, worauf man sogleich das Glas vom Wasserbad fortnimmt und erst dann wieder zustellt, wenn die

---

[1]) Bg. u. Httnmsch. Ztg. 1882 pag. 443.
[2]) Dessen „Handbch. d. Sodaindustrie“, Braunschweig, 1879 pag. 92.

Reaction schwächer geworden ist; meist ist die Aufschliessung in 10—15 Minuten vollständig erfolgt, wenn der Pyrit fein genug gerieben war und wird auch empfohlen, für die Auflösung einen Erlenmeyer'schen Kolben zu nehmen, in dessen Hals man, um Verluste durch Verspritzen zu vermeiden, ein Trichterchen eingesetzt hat. Sollte die Aufschliessung nicht vollständig erfolgt sein, muss noch Königswasser nachgetragen und wieder erwärmt werden, und es tritt eine Abscheidung des Schwefels sehr selten ein, wenn die Substanz hinlänglich fein gepulvert war. Man fügt jetzt einen Ueberschuss von Salzsäure hinzu und dampft, um alle Salpetersäure zu verjagen, zur Trockne, weil man bei Anwesenheit der Letzteren durch Ausfällung der Schwefelsäure mit Chlorbarium zu hohe Resultate erhält. Man nimmt dann in mit Salzsäure angesäuertem heissem Wasser auf, filtrirt die klare Lösung ab, erhitzt zu vollem Sieden und versetzt während desselben mit ebenfalls heisser Chlorbariumlösung in nicht grossem Ueberschuss, wozu man am zweckmässigsten eine abgemessene Menge einer concentrirten Lösung von bekanntem Gehalt an Barytsalz benutzt, welche mehr als genügt, um die vorhandene Schwefelsäure zu fällen.

Nach wenigen Minuten hat der Niederschlag sich abgesetzt, die überstehende Flüssigkeit ist klar und kann sofort filtrirt werden, wozu man sich zweckmässig zur Beschleunigung des Filtrirens der Piccard'schen Schlinge bedient. Man giesst zuerst nur die klare Flüssigkeit so weit als möglich von dem Niederschlag durch das Filter ab, übergiesst dann den Niederschlag mit siedendem Wasser, dem man einige Tropfen Salzsäure zugefügt hat, kocht auf, lässt absetzen und decantirt wieder durch das Filter. Diese Operationen wiederholt man ohne Zufügen von Salzsäure noch 2 bis 3 mal, spült dann den Niederschlag auf das Filter, prüft das ablaufende Wasser auf einen Gehalt an Chlorbarium, und wenn die Waschwässer rein sind, wird Filter sammt Inhalt in der schon bekannten Art weiter behandelt und das geglühte Bariumsulfat schliesslich gewogen.

Dasselbe soll nicht zusammengebacken sein, bei dem Anfeuchten nicht alkalisch reagiren und bei warmer Digestion mit verdünnter Salzsäure kein Barytsalz in die Lösung abgeben.

Sollte das Bariumsulfat von mitgerissenem Eisenoxyd oder basischem Ferrisulfat gelblich gefärbt sein (was für technische Zwecke vernachlässigt werden kann, da das Mehrgewicht dadurch höchst unbedeutend ist), so muss das Bariumsulfat nach dem Ausglühen mit mässig starker Salzsäure digerirt, dann filtrirt, gewaschen etc. und wieder geglüht werden, oder man schmilzt es mit Soda zusammen, zieht die Schmelze mit heissem Wasser aus, filtrirt und wäscht, säuert das Filtrat mit Salzsäure an und fällt die Schwefelsäure nochmal mit Chlorbarium.

Nach Fresenius[3]) sollen alle Methoden der Schwefelbestimmung in Kiesen, bei welchen die durch Oxydation auf nassem Wege, d. i. durch Lösen des Kieses in Königswasser erhaltene Schwefelsäure aus der sauren Eisenchlorid enthaltenden Lösung gefällt wird, zwei Fehlerquellen haben; das Bariumsulfat fällt nämlich eisenoxydhältig aus, anderseits ist das Bariumsulfat in der sauren, Eisenchlorid enthaltenden Lösung merklich löslich. Desshalb sind die Resultate bei dem Lösen des Kieses in Königswasser und Fällen der Schwefelsäure mit Chlorbarium in dieser Lösung stets ungenau, bald höher bald niedriger, denn Gegenwart von mehr freier Salzsäure und rasches Filtriren nach der Fällung steigern das Gelöstbleiben des Bariumsulfats, während wenig freie Salzsäure und längeres Stehenlassen nach Zusatz des Chlorbariums die Löslichkeit des Bariumsulfats vermindern, dagegen dessen Eisengehalt erhöhen.

L. Deutocom[4]) mengt 1 g Pyrit mit 8 g eines Gemenges von gleichen Theilen chlorsauren Kali's, Natriumcarbonats und Chlornatriums, bringt das Gemenge in einen grossen Porcellantiegel, bedeckt denselben und erhitzt recht langsam bis zur völligen Austrocknung, worauf starke Hitze bis zum Schmelzen gegeben wird. Nach dem Erkalten behandelt man die Masse mit kochendem Wasser, bringt sie sammt dem Unlöslichen in einen Messkolben von 250 ccm Inhalt, misst auf, filtrirt und bestimmt in 50 ccm des Filtrats die Schwefelsäure. Der unlösliche Rückstand hält keine Schwefelsäure zurück.

Schwefelbestimmung in Kiesabbränden. Nach F. Böckmann[5]) werden in Schwefelsäurefabriken die Kiesabbrände auf ihren Gehalt an Schwefel folgends untersucht: 2 g fein gepulverte Kiesabbrände werden in einer grossen Platinschale mit 25 g einer Mischung von 6 Theilen kohlensaurem Natron und 1 Theil chlor-

---

[3]) Ztschft. f. anal. Chem. Bd. 19 pag. 57.
[4]) Ztschft. f. anal. Chem. Bd. 19 pag. 313.
[5]) Ztschft. f. anal. Chem. Bd. 21 pag. 90.

saurem Kali mittelst eines Platinspatels vermengt und das Gemenge durch gelindes Reiben mit einem Achatpistill noch inniger gemacht; man schmilzt dann über dem Gebläse, nimmt in Wasser auf, übergiesst in ein Becherglas und filtrirt aus diesem in ein hohes, überschüssige Salzsäure enthaltendes zweites Becherglas. Nach erfolgtem Auswaschen des Rückstandes auf dem Filter wird die erwärmte Lösung mit heisser Chlorbariumlösung gefällt, einige Zeit auf dem Sandbade erwärmt, bis die über dem Niederschlag stehende Flüssigkeit klar geworden ist, sodann filtrirt und mit dem Filterinhalt in schon bekannter Weise verfahren.

Von Pyrit wird blos 0,5 g auf dieselbe Menge Mischung genommen und in gleicher Weise verfahren.

Nach J. Clark[6]) bestimmt man den Schwefel in Schwefelkiesen folgends: 1 bis 1,5 g des fein geriebenen Kieses werden mit dem vierfachen Gewicht eines Gemenges von Aetzkali und Magnesia in einem Platintiegel gemengt und in einer Muffel $^3/_4$ Stunden hindurch der Rothgluth ausgesetzt. Nach dem Abkühlen stellt man den Tiegel in ein Wasser enthaltendes Gefäss, spült die zu Pulver zerfallende Masse heraus, leitet Kohlensäure in die Flüssigkeit, um etwa anwesendes Blei zu fällen und das Aetzkali in Carbonat zu verwandeln, kocht auf, filtrirt, kocht den unlöslichen Rückstand dreimal mit etwas Soda haltendem Wasser aus und filtrirt endlich ab (der Sicherheit wegen ist derselbe in Salzsäure zu lösen und auf Schwefelsäure zu prüfen). Das die Schwefelsäure enthaltende Filtrat wird mit Salzsäure angesäuert und in der siedenden Lösung die Schwefelsäure gefällt.

Verbrennungsprodukte dürfen mit dem Inhalt des Tiegels nicht in Berührung kommen, wesshalb die Erhitzung in der Muffel vorzunehmen ist.

Das Gemisch von Aetzkali und Magnesia erhält man durch Zusammenreiben von Aetzkali oder Aetznatron mit frisch ausgeglühter Magnesia in einer Porcellanreibschale. In wohlverschlossenen Gefässen lässt sich das Pulver gut aufbewahren.

Volumetrische Schwefelbestimmung in Erzen, welche entweder blos Schwefel oder neben Schwefel noch Sulfate enthalten. Diese Methode wurde von F. Weil[7]) angegeben und

---

[6]) Journ. of the Soc. of Chemical Industry. 4. pag. 329. Ztschft. f. anal. Chem. 1886 pag. 559.

[7]) Compt. rend. 22. Juni 1886. Genie civ. Tom. IX No. 16 vom 14. August 1886.

verfährt man hierbei folgends: Je nach dem Schwefelgehalt des Erzes werden 1—2 g genau abgewogen und in einen Kolben gebracht, welcher mit einem Stopfen verschlossen wird, in dessen Bohrung ein zweimal rechtwinklig gebogenes Rohr eingesetzt ist; das Rohr taucht ausserhalb des Kolbens in in einem Becherglas vorgelegte ammoniakalische Kupferlösung von bekanntem Kupfergehalt, welche im Ueberschuss angewendet werden und gemessen sein muss, um die gefällte Menge Kupfer berechnen zu können. Man bringt dann in den Kolben noch einige Stückchen granulirten Zinks und übergiesst nun den Inhalt mit 75 ccm Salzsäure, schliesst den Kolben schnell und erwärmt. Das sich entwickelnde Schwefelwasserstoffgas fällt bei dem Durchstreichen durch die Kupferlösung den äquivalenten Antheil Kupfer aus; das zugesetzte Zink hat den Zweck, durch das bei dessen Lösung sich entwickelnde Wasserstoffgas das Schwefelwasserstoffgas zu verdunnen und gegen Ende, wenn das Schwefelmetall schon zersetzt ist, das im Innern des Kolbens und des Glasrohres befindliche Schwefelwasserstoffgas auszutreiben. Wenn kein Kupfer aus der vorgelegten Lösung mehr gefällt wird, also alles Schwefelwasserstoffgas ausgetrieben wurde, lässt man das gefällte Schwefelkupfer absetzen, filtrirt es ab und wäscht aus, misst das Filtrat auf ein bestimmtes Volum auf und hebt 10—20 ccm davon in eine Porcellanschale aus, worin man die ammoniakalische Lösung mit 25—50 ccm Salzsäure übersättigt, zum Kochen erhitzt und während des Siedens mit Zinnchlorür von bekanntem Wirkungswerth titrirt, den gefundenen Kupfergehalt aber auf das ganze aufgemessene Volum berechnet. Nachdem aus dem ursprünglich zur Probe genommenen, gemessenen Volum der Kupferlösung der Kupfergehalt derselben bekannt ist, so erfährt man nach Abzug der in der verbliebenen Kupferlösung gefundenen Kupfermenge jenes Gewicht Kupfer, welches durch das entwickelte Schwefelwasserstoffgas gefällt wurde, und dieses Gewicht multiplicirt mit 0,50393 gibt den gesuchten Schwefelgehalt. Das zugesetzte Zink erleichtert auch den Angriff der Säure auf die Probesubstanz, und allenfalls anwesend gewesener Bleiglanz wird leichter zersetzt, indem das sich bildende Bleichlorid von dem Zink zu metallischem Blei reducirt wird. Es ist diese Methode eine Anwendung der massanalytischen Kupferbestimmung mit Zinnchlorür, welche ebenfalls von Weil angegeben wurde.

Untersuchung der Röstgase.

G. Lunge[8]) gibt zur Untersuchung der Röstgase auf Schwefeldioxyd den folgenden einfachen und billigen Apparat an (Fig. 38):
A ist eine weithalsige Flasche von etwa 1 Liter Inhalt mit dreifach
durchbohrtem Kautschuckpfropf; durch die eine Bohrung geht das

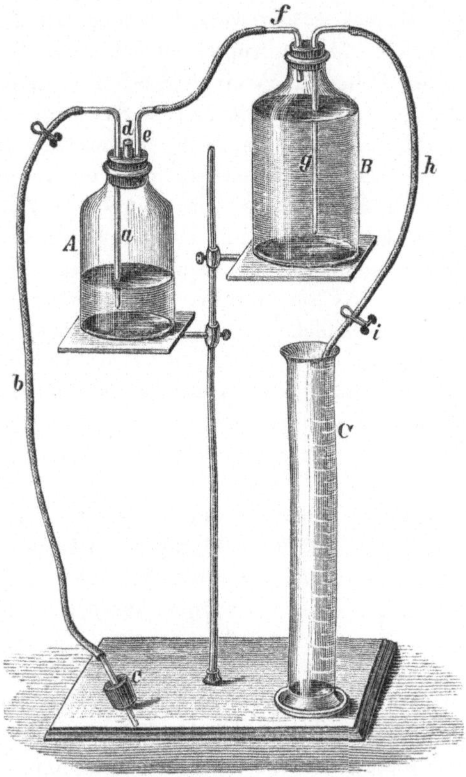

Fig. 38.

Glasrohr a, welches durch das Kautschuckrohr b und den Kautschuckpfropf c mit der Gasquelle verbunden wird, die zweite Bohrung ist mit dem kleinen Stopfen d verschlossen und durch die
dritte Bohrung geht das Knierohr e, welches durch f mit der 2—3

---

8) Dessen „Hdbch. d. Sodaindustrie", Braunschweig 1879. Erster
Band pag. 229.

Liter fassenden Flasche B in Verbindung steht, welche als Aspirator dient. An das bis zum Boden reichende Glasrohr g ist der Kautschuckschlauch h angeschoben, welcher unten durch den Quetschhahn i geschlossen ist und einmal gefüllt als Heber dient. C ist ein Messcylinder von am besten 250 ccm Inhalt. Die Arbeit mit diesem Apparat ist dieselbe, wie mit dem Reich'schen, nur kann man nach Oeffnen des Stopfens d leicht eine bestimmte Menge Jodlösung einfliessen lassen und die Oeffnung sofort verschliessen.

Wenn man von einer Zehntelnormaljodlösung je 10 ccm in die Flasche A gegeben hat, so entspricht (ohne Rücksicht auf Barometer- und Thermometerstand) diese Quantität nach der bekannten Formel

$$V\% = \frac{11{,}14 \cdot n}{m + 0{,}1114 \cdot n}$$

0,032 g = 11,14 ccm Schwefeldioxyd bei 0^0 Temperatur und 760 mm Barometerstand; man hat nun diese Zahl blos mit 100 zu multipliciren und durch die Anzahl der in den Messcylinder C abgelaufenen Cubikcentimeter plus 11 zu dividiren, um den Procentgehalt des Gases an Schwefeldioxyd zu finden.

Zur Ersparung der Rechnung theilt Lunge die folgende Tabelle mit:

Abgelaufene Cubikcentimeter Wasser im Messcylinder	Volumprocente Schwefeldioxyd im Gase
82	12,0
86	11,5
90	11,0
95	10,5
100	10,0
106	9,5
113	9,0
120	8,5
128	8,0
138	7,5
148	7,0
160	6,5
175	6,0
192	5,5
212	5,0

Bestimmung des freien Sauerstoffs in den Gasen der Schwefelsäurekammern. Zu Oker[9]) am Harze dient hierzu

---

[9]) Ztschft. f. anal. Chem. Bd. 18 pag. 158.

der in Fig. 39 abgebildete, von Lindemann angegebene Apparat.
Er besteht aus einem Trockencylinder A, dessen Tubulatur durch
einen Glashahn und Gummischlauch mit einer am Boden tubulirten
Flasche B verbunden ist, und welcher mit Phosphorstangen oder mit
kleinen Phosphorstücken gefüllt wird. Oben ist derselbe mit einem
Kautschuckpfropfen verschlossen, in welchem ein kurzes, einmal rechtwinklig abgebogenes Glasrohr von höchstens 1 mm Weite eingesetzt
wird, das durch einen Kautschuckschlauch mit einem mit Schraubenquetschhahn a versehenen T förmigen Rohr C verbunden ist und
durch einen zweiten Kautschuckschlauch mit einem gleich kurzen,

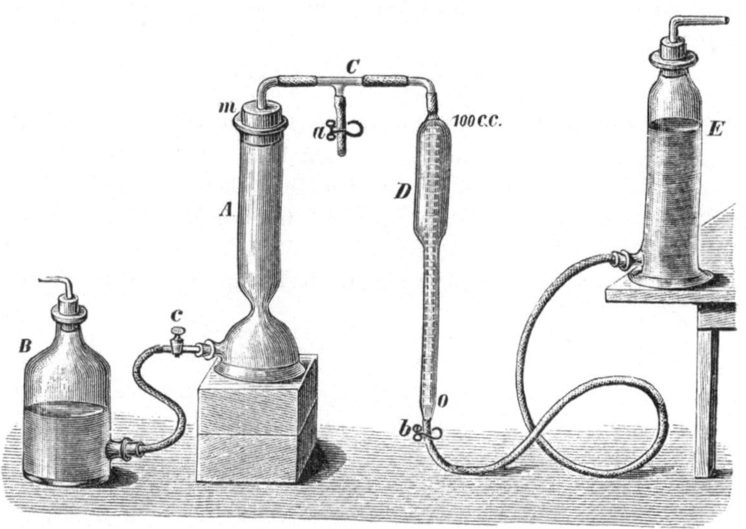

Fig. 39.

möglichst engen Glasrohr in Verbindung steht, das an die 100 ccm
fassende Bürette D anschliesst. In die Schenkel des T förmigen
Rohres sind, weil dasselbe aus ganz schmalen Glasröhren nicht hergestellt werden kann, um den leeren Raum darin auf ein Minimum
herabzubringen, Glasstäbchen von entsprechender Länge und Stärke
eingesetzt. Die Bürette wird von einem Träger gehalten; ihre Aus-
flussspitze steht durch einen mit Quetschhahn b versehenen Gummischlauch mit einem am Boden tubulirten Glascylinder E in Verbindung, welcher zur Füllung der Bürette mit Wasser dient.

Vor dem Gebrauch des Apparates wird bei offenem Hahn a

das Standglas A aus B bis zu der nahe unter dem Stopfen befindlichen Marke m mit Wasser gefüllt, dann der Hahn an der Tubulatur dieses Glases gesperrt und ebenso die Bürette D bei offenem Quetschhahn b von dem Gefässe E aus bis zu Theilstrich 100 gefüllt. Hierauf lässt man von dem in einem Gasometer befindlichen Gase zuerst soviel in's Freie ausströmen, bis aus der Gummileitung alle Luft ausgetrieben ist, und verbindet dann diese Leitung, in deren Ende ein kurzes Glasröhrchen eingeschoben wurde, mit dem T förmigen Rohr. Man öffnet nun den Quetschhahn b und saugt durch Senken des Cylinders E die Bürette bis genau zum Nullpunkt voll Gas. Hierauf schliesst man sämmtliche Hähne, unterbricht die Verbindung mit dem Gasometer, setzt in den Gummischlauch des Schrauben-quetschhahnes a ein Capillarröhrchen von gleicher Länge wie die Bürette, lässt dasselbe in einem mit Wasser gefüllten Gefäss unter den Wasserspiegel tauchen, stellt dann den Cylinder E so, dass die Oberfläche des Wassers darin mit dem unteren Theilstrich der Bürette in gleiches Niveau fällt, öffnet zuerst den Quetschhahn b ganz und darauf vorsichtig den Schraubenquetschhahn a, wodurch man den durch den Druck aus dem Gasometer überschüssig auf-gesogenen Antheil des Gases aus der Messbürette entfernt. Man schliesst nun a und treibt durch Heben und Senken von E bei offenem Quetschhahn b und c das Gas in den Absorptionscylinder A, wobei die Oxydation des Phosphors augenblicklich beginnt. Sowie die Nebelbildung in A aufgehört hat und der Wasserstand in dem Cylinder A nicht mehr zunimmt, zieht man das vom Sauerstoff be-freite Gas in die Bürette zurück, wobei der Wasserstand in dem Standglas A wieder bis zur Marke m reichen muss, schliesst dann den Quetschhahn c an dem Tubulus dieses Glases, stellt die Ver-bindung zwischen D und E wieder her, hebt E, bis die beiden Wasserspiegel in gleichem Niveau sich befinden, und liest den Wasser-stand in der Bürette ab.

Nach jedesmaligem Gebrauch ist der Apparat vor Luftzutritt geschützt aufzubewahren. Die Oxydationsproducte des Phosphors sind in Wasser löslich, demnach das gefüllte Glas A sehr oft zu brauchen, bevor es neu gefüllt werden muss; etwa ungelöst bleibende ganz kleine Mengen dieser Oxydationsproducte üben wegen ihrer ge-ringen Tension auf das spätere Volumen des sauerstofffreien Gases und somit auf die Versuchsresultate keinen nachtheiligen Einfluss aus.

Sachregister.